Thinking
Mathematically
John Mason, Leone Burton, Kaye Stacy

教科書では学べない
数学的思考
「ウーン！」と「アハ！」から学ぶ

ジョン・メイソン＋リオン・バートン＋ケイ・ステイスィー
吉田新一郎 訳

新評論

日本語版へのまえがき

　本書は数学的なプロセス（過程）についての本であって、特定の数学分野について書かれたものではありません。私たちの目的は、興味がそそられる数学的な問題を解くときに、読者のみなさんが熱中して取り組んでもらうことです[1]。そのうえで、数学的な問題をどのようにはじめたらいいのか、どのように取り組んだらいいのか、そして経験したことからどのように効果的に学んだらいいのかを示すことです。

　このような探究のプロセスを時間と努力を費やしてしっかり検討することは、数学的思考の可能性を最大限に認識するために役立つはずです。

　あらゆる年齢層を対象にして教えてきた私たちの体験は、数学的な思考が次のことによって向上できると確信するに至りました。

・問題をよく考えて取り組むこと。
・経験から学ぶために、解法と答えを振り返ること。
・自分のとった行動と感情を結びつけること。
・問題を解くプロセスと段階を学んで、身につけること。
・学んでいることが、自分の経験とどのように合致するかに気づくこと。

---

[1] この点で、まさに『算数・数学はアートだ！』の続編と言えます。

これらを踏まえて、本書は数学的思考を育むプロセスの重要な側面に注目しながら、読者に、問題を実際に解くことを促しています。

本書の使い方

本書は、単に読むだけではなく、問題を解きながら読み進めていく本です。提示されている数学的な問題に精力的に取り組むことによって、本書はより価値のあるものになります。それが、あなたに生き生きとした体験を提供し、本書に書かれている解説をより身近に感じることを可能にします。もし、真剣に問題に取り組まないのであれば、解説はあまり意味をなさないかもしれません。

最も重要で、覚えておくべき教訓は、「行き詰まり」は大切な状態であり、思考を向上するうえにおいて欠かせない過程であるということす。

しかしながら、その「行き詰まり」の状態を最大限に活かすためには、数分だけ問題を考えて、次に進んでしまってはいけません。その問題について、時間をとってじっくりと考えることが必要です。そして、あらゆる可能性を試し、しっかり「考えた！」と納得できたなら次に進んでください。

それぞれの問題には、前進するためのヒントが「ウーン！」という見出しの下に提供されています。異なる方法を選択することで異なる解法が得られるので、提供したヒントのなかには、あなたが試したいアプローチとはあまり関係がないものが含まれているかもしれません。したがって、提供されているすべて

のヒントがすぐに役立つとはかぎりません！

　問題が完全に解けないからといって、がっかりしないでください。時には、すぐに答えが得られる問題よりも、なかなか答えが得られないもののほうから多くを学べるものです。本書では、問題の答えをプロセスほど重要にはしていません。

　答えよりもプロセスのほうが大事だという点を強調するために、一般的に認められている「答え」をあえて提供していません。その代わり、解説付きの「解法」の見本や、間違ったスタートの仕方、そして部分的にしか形成されていない考え方などを紹介しています。

　算数・数学の教科書などで紹介されている明解な答えは、たくさんの変更や理解の仕方の変化を伴う形で、長い思考時間を経て得られたものが少なくありません。しかし、そのプロセスを見えなくしてしまっているために、多くの人はその過程に気づくことができません。

　私たちが重要視していることですが、「プロセスを大事にする」というアプローチをとることで読者は自信が得られると思います。「明解さ」は、あとで得られればいいのです！

要約すると、私たちのアプローチは、以下の五つの重要な前提に基づいていると言えます。

❶誰もが数学的に考えることはできる！
❷数学的思考は、振り返りを伴った練習によって上達する。
❸数学的思考は、矛盾や緊張や驚きによって刺激される。
❹数学的思考は、質問すること、チャレンジすること、振り返ることが大事にされる環境によってもたらされる。
❺数学的思考は、あなた自身と世界を理解する助けになる。

経験から学ぶことのパワー

本書の初版は1982年ですが、いまも広く読まれています。高校生や大学で数学を学ぶ学生、小学校や中等学校の教師を目指す教員養成向けのコースなどでテキストとして使われています。紹介している数学的な問題は、特定の数学的知識を前提にしていませんので、多くの対象によって探究することが可能です[2]。

本書は、数学的思考者としての私たちの経験を開示したものと捉えることができます。また、ジョージ・ポリア（George Pólya）の業績に大きく影響されています。私たちは、ポリアが1967年に制作した映画『Let Us Teach Guessing（推測の仕方を教える）』[3]も観ています。

映画のなかでポリアは、まずは予想（推測）をし、あとで証明することによって生徒に問題解決者になる教え方を示しています。執筆者の一人であるジョン・メイソンは、イギリスのオープン大学（通信制の公立大学）で、アクティブに問題解決をするアプローチを教えていた当時、この映画を使っていました。

その後、1979年に、もう一人の執筆者であるリオン・バートンが加わりました[4]。リオンはどのようにすれば数学的に教えることができるのかということに興味をもって、そのような教え方が子どもたちの学びにどのような影響を与えるのかを研究しつつ、小学校における教師教育に携わっていました。

　この二人は、教師を対象とした実践的なコースを開発したかったのです。二人は本の執筆を計画し、それに三人目の執筆者となるケイ・ステイスィーが加わりました。地球の裏側となるオーストラリアに住んでいるケイも、ポリアの本[5]に触発されていました。そして、それをベースにして、初等・中等教育の教師養成コースにおいて、革新的な算数・数学の問題解決学習を実践していました。

　読者のみなさんは、三人の執筆者がいるにもかかわらず、本文が一人称で書かれていることに気づかれることでしょう。そのことは、執筆の過程で起こった融合を反映しています。と同時に、数学が、異なる人々が問題に対する一つの答えをつくり

---

(2) 現在、「作家の時間」と「読書家の時間」を算数に応用するプロジェクト「数学者の時間」を開発する小学校の先生たちで構成されているチームによって、これらの問題は解かれました。「数学的思考」とは何かを理解させてくれただけでなく、算数・数学を好きにし、数学的思考力を身につける授業を実現するうえでも多くのヒントを提供してくれました。

(3) 直訳すると、このようなタイトルになりますが、内容は、数学教育とはどのように行われるべきかを、ポリア自身がモデルとなって示したものです。（タイトルで検索するか、https://vimeo.com/48768091）

(4) リオンは、『楽しく考える問題と発問：算数・数学科の問題解決』（L・バートン／瀬沼花子他訳、東洋館出版社、1988年）の著者です。

(5) 『数学の問題の発見的解き方 1 & 2（新装版）』G・ポリア／柴垣和三雄訳、みすず書房、2017年。

出す協働的な活動であり得ることを強調しています。協力して数学的な問題に取り組むことは、算数・数学を学ぶうえで重要な役割を果たすということです。

謝辞

　私たちは、数学的な思考について様々な洞察を共有してくれた同僚たちに感謝します。また、たくさんのことを教えてくれたすべての年齢層の生徒たちにも感謝します。彼らは、自分たちが数学的に考えることに悪戦苦闘したり、楽しんだりする経験を私たちに見せてくれました。1982年の初版はそれらの子どもたちに捧げましたが、彼／彼女らはすでに大人になっています。

　そして2010年の第２版は、それが完成する前に不幸にも亡くなってしまった共同執筆者のリオン・バートンに捧げました。

　本書はすでに９か国語に翻訳されていますが、今回、日本語でも読んでいただけることをとても光栄に思っています。本書のことを知り、日本の読者に紹介するという判断をし、そして翻訳という骨の折れる作業を担ってくれた吉田新一郎氏に私たちは感謝しています。彼は翻訳する過程で、私たちが書いたことに対して繰り返しチェックをしてくれました。そのチェックが私たちに、本当に書きたかったことをより注意深く再考させることにもなりました。これら彼の貢献を、私たちは高く評価しています。

2017年10月

　　　　　ジョン・メイソン　（オックスフォード、イギリス）

　　　　　ケイ・ステイスィー　（メルボルン、オーストラリア）

訳者謝辞

　13年間、私自身も算数・数学を学びましたが、数学的思考と問題解決能力を身につけることはできませんでした。残念ながら、学校や大学では、そういう教え方をしてくれませんでしたから。

　やっていたことは、ひたすら「正解あてっこゲーム」でした。55歳を過ぎて、「なんとかせねば！」といろいろな本を探しているとき、ようやく見つけたのが本書でした。日本人が書いた本では見つけられなかっただけに、とてもラッキーでした。まずは、この本を書いてくれた３人に感謝です。

　そして、ライティング・ワークショップ（作家の時間）とリーディング・ワークショップ（読書家の時間）、および本書をベースにしながら算数ワークショップ（数学者の時間）を開発しているチームのメンバーである伊垣尚人さん、石森伸幸さん、小鴨文さん、清水将さん、宮大二郎さんに感謝です。また、翻訳原稿を読んでフィードバックをしてくれただけでなく、貴重なアドバイスやコメントをしていただいた伊垣あやさん、小笠原由佳さん、小黒圭介さん、金子豊さん、須賀侑さん、須藤雄生さん、田村大介さん、山谷日登美さんにも感謝します。

　最後に、本書の企画を快く受け入れてくれ、最善の形で日本の読者に読んでもらえるようにしてくれた武市一幸さんはじめとして株式会社新評論の関係者のみなさん、そして読んでくださるあなたに、心からの感謝を述べさせていただきます。

2019年１月　　吉田新一郎

viii

も く じ

日本語版へのまえがき　i
訳者謝辞　vii

誰でも数学ははじめられる　3

- ▶ **特殊化**　3
  - 問題　スーパー　3
  - 問題　横長の細い紙　7
  - 問題　回文数　9
- ▶ **一般化**　16
- ▶ **記録を残すことの大切さ**　20
  - 問題　パッチワーク　22
  - 問題　チェスボードの中の正方形　34
- ▶ **レビューとプレビュー**　40

問題を解く三つの段階　43

- ▶ **三つの段階**　44

もくじ ix

▶ 入り口の段階　47
問題　ロープでつながれたヤギ　48

▶ 入り口1・私は何を知っているのか？　49
問題　ご婦人たちの昼食会　53

▶ 入り口2・私は何を知りたいのか？　55
問題　不可解な分数　57
問題　封筒づくり　58

▶ 入り口3・私は何が使えそうか？　59
問題　小さな立方体で大きな立方体をつくる　61
問題　ホットプレートで早くパンを焼く方法　63

▶ 取り組みの段階　65

▶ 振り返りの段階　66

▶ 振り返り1・解法を確かめる　68

▶ 振り返り2・鍵となるアイディアや節目を振り返る　70

▶ 振り返り3・より広い場面や状況に応用発展する　72
問題　チェスボードの中にある長方形の数　73
●訳者コラム●「だからなんなの？」　74

▶ 振り返りを練習する　75
問題　はい回る虫たち　75

▶ 振り返りのまとめ　80

▶ 三つの段階のまとめ　80

第3章
行き詰まったときの対処法　83

▶ **行き詰まる**　83
- ●訳者コラム●「行き詰まり」　87
- 問題　糸が巻かれた釘　89
- 問題　カエル跳び　97
- ●訳者コラム●「なぜ？」　103

▶ **まとめ**　106

第4章
問題に取り組む──予想する　109

▶ **予想するとは何か？**　109
- 問題　ゴールドバッハの予想　109
- 問題　ペンキがかかった自転車のタイヤ　112
- 問題　重い椅子　114

▶ **予想する──解法の柱**　116
- 問題　連続する自然数の和　116

▶ **予想はどのように生まれるのか？**　132
- 問題　2乗の差　135
- 問題　足して15　137

もくじ xi

- ▶ パターンを発見する　138
  - ●訳者コラム●「なぜ連続する整数の和として拡張しないのか」　140
  - 問題　円周とピン　143
- ▶ まとめ　144

問題に取り組む——証明する　147

- ▶ 構造　147
  - 問題　反復する　148
  - 問題　マッチを使って（1）　149
    - ●訳者コラム●「数学的構造」　150
  - 問題　マッチを使って（2）　152
- ▶ 構造的な関連を求める　156
  - 問題　ハチの系図　159
  - 問題　正方形に分ける　161
- ▶ いつ予想は証明されるのか？　164
- ▶ 自分のなかに敵をつくる　172
  - 問題　ユリーカ！の配列　175
    - ●訳者コラム●「物理学の法則はすべて予想」　178
  - 問題　隠れた前提　182
- ▶ まとめ　183

xii

まだ行き詰まったまま？ 185

- ▶ **問題の本質を抜き出すこと、じっくりと考えること** 187
  - 問題 切り分ける 188
- ▶ **特殊化と一般化** 192
- ▶ **隠れた前提** 195
  - 問題 九つの点 196
  - 問題 正しいか、間違いか？ 197
- ▶ **まとめ** 199

内なるモニターを育てる 201

- ▶ **モニターの役割** 203
- ▶ **感情のスナップ写真** 206
- ▶ **①はじめる** 210
- ▶ **②実際に取り組む** 213
- ▶ **③じっくりと考える** 216

- ▶ ④やり続ける　219
- ▶ ⑤ひらめく　222
- ▶ ⑥懐疑的になる　225
- ▶ ⑦検討する　228
- ▶ まとめ　228

第8章 自問自答できるようになる　231

- ▶ 幅広い問題　232
- ▶ 疑問の余地がある状況　236
  - 問題　シーソー　237
  - 問題　数のスパイラル　240
  - 問題　紙の帯　242
- ▶ 気づく　245
- ▶ 質問する姿勢の障害　247
- ▶ まとめ　252

第9章
数学的思考を育む 255

- ▶ 数学的思考を伸ばす 258
- ▶ 数学的思考を引き起こす 264
- ▶ 数学的思考をサポートする 268
- ▶ 数学的思考を持続させる 272
- ▶ まとめ 278

| 資　料 | パワー、テーマ、世界、着目 281

- ▶ 生まれながらのパワーとプロセス 281
- ▶ 数学的なテーマ 290
- ▶ 数学的な世界 292
- ▶ 着目 294
- ▶ まとめ 296

教科書では学べない数学的思考
──「ウ〜ン！」と「アハ！」から学ぶ──

John Mason, Leone Burton and Kaye Stacey
THINKING MATHEMATICALLY
Second Edition
© Pearson Education Limited 2010
Japanese translation rights arranged with PEARSON EDUCATION LIMITED
through Japan UNI Agency, Inc., Tokyo

第 1 章
誰でも数学ははじめられる

　本章では、いかなる問題であれ考えるときに役立つ方法を紹介します。数学の問題を避ける必要はまったくありませんし、解答できる見込みがないのに白紙を黙って見続ける理由もありません。かといって、手当たり次第に可能性の高そうな答えを見つけだそうというのもよい方法とは言えません。ここでは、より生産的な方法を紹介していきます。

特殊化

　最もいい方法は、まず、いくつかのケースを実際に試してみることです（具体例で考えてみるという**特殊化**（Specializing）については、資料編の282ページも参照ください）。

問題・スーパー

　スーパーで、あなたは20％の値引きを受けることができますが、15％の消費税を払わなければなりません。あなたは、どちらを先に計算してほしいですか？　値引きですか？　それとも消費税ですか？

この問題には、どのように取り組んだらいいのでしょうか？前に進むには、問題が何を問うているのかをハッキリさせる必要があります。でも、それは、自分の考えを書き出してみないと現れてこないかもしれません。よい方法は、具体的な例を試してみることです。多分あなたは、100円の商品を例として試すことでしょう。

「**まだ試していないなら、いま試してみてください**」

結果に驚きましたか？ ほとんどの人が驚きます。そして、その驚きが数学的思考を刺激し続けることになります。それでは、120円の場合も同じことが起きるでしょうか？

「**試してみてください！**」

あなたの計算や考えを書き出してください。それが、思考力をつける唯一の方法なのです。

今度は、電卓を使って他の事例を試してみてください。これには二つの目的があります。問題の答えは何かを知ることと同時に、あなたの答えが正しいという感触を得ることです。言い換えると、事例をいくつか試すことで、問題を自分にとって意味のあるものにすること、そして問題を解く手がかりとなるすべてのケースに共通するパターンを見いだすことです。

この「問題に共通するパターン」とは何でしょうか？ もしかしたら、このような問題の経験がすでにあり、どうしたらい

いのか分かっているかもしれません。その場合は、経験のない人に、どのように解いたらいいのかを助言するための方法を考えてください。そのうえで、私の提案を読んでください。数学的思考の重要な点を紹介していますので、私の説明を注意深く読むことが大切となります。

　値引きと消費税、どちらかを先に計算することで最終的な値段は違うのでしょうか？　試したいくつかの事例にはパターンがあるはずです。もし、それを見いだせていないなら試してください。その結果は、すべての値段にあてはまりますか？　もし、確信がもてないなら、他の例でも試してください。逆に自信があるなら、その説明を考えてください（あるいは、次に読み進んでください）。

　計算する手順によって大きく左右されます。普通は、最初に値引きをして、その後に消費税を計算します。

値引きを計算する：	100円の値引き額は20円
値段からそれを引くと：	100円 − 20円 = 80円
消費税を計算する：	80円の15％は12円
値引き額に消費税を加える：	80円 + 12円 = 92円

　どうして結果が常に正しいと言えるのかが明らかになるまで、他の計算の仕方を探してください。あなたは、最初の値段に左右されない計算の仕方を見つけたいと思っています。それを見つけるために、値引きされたときの値段と、消費税が加えられ

たときの値段を計算します。
「試してみてください！」

もし、いろいろと試したなら、次のようなことを発見したはずです。
❶値段から20％を引くのは、値段の80％を払うのと同じです。つまり、値段の0.8倍を払うこととなります。
❷値段に15％を足すというのは、値段の115％を払うのと同じです。つまり、値段の1.15倍を支払うことになります。
❸元の値段が100円の場合は以下のようになります。

　　最初に値引きを計算すると：（100円×0.8）×1.15円を支払う
　　最初に消費税を計算すると：（100円×1.15）×0.8円を支払う

　計算方法をこのように書き出すことで、計算の順番は関係ないことが分かります。両方とも、元の値段に二つの数字をかけているだけだからです。よって、元の値段がP円のときは、
　　最初に値引きを計算すると：P円×0.8×1.15円を支払う
　　最初に消費税を計算すると：P円×1.15×0.8円を支払う
となり、両方は常に等しくなります。
　二つの式全体を注意深く見返してみましょう。この種の振り返りは、あなたの数学的思考を鍛えるにおいてとても大切です[1]。

　このスーパーの問題は、数学的思考について重要となるいくつかの要素を説明するよい例となりますが、そのうちの二つを紹介しましょう。

一つ目は、数学的思考の助けとなる特定のプロセスがあるということです。それは、問題について学ぶ際に、いくつかのケースを試してみる**特殊化**と呼ばれるものです。あなたが選んだいくつかのケースは、問題の一般的な状況における特殊なケースという意味です。

二つ目は、ウ～ン（と考え込む、ないしは行き詰まった状態）は自然で、それについて何らかの手を打てることを意味しています。この場合の打てる手が**特殊化**です。行き詰まったときには、次のように問いかければ再び前進できるようになります。

・何か、実例は試してみたか？
・この特定のケースではどうなるのか？

次の問題は Banwell, Sunders, and Tahta（1986）[2]から引用したものですが、異なる特殊化を試すよい例と言えます。

問題・横長の細い紙

横長の細い紙を両手で持っていると想像してください。次に、右手側の端を左手の端に合わせて持ったと想像してください。半分に折ったことになるので、折り目が一つできました。同じことを2回繰り返したとすると、折り目はいくつできたでしょうか？　もし、10回繰り返したとすると折り目はいくつできるでしょうか？

---

[1] さらに言えば、この振り返りをしっかりやらないと、数学的思考力は身につかず、単なる「正解あてっこ」能力だけが身につくだけ、と言えます。日本に限らず、ほとんどの国で後者を算数・数学と誤解し続けています。

「試してみてください!」

● ウ〜ン!⁽³⁾
- 2回折った後に折り目がいくつあるかという特殊なケースを想像してみる。
- 図表に表してみることが助けになるかもしれない。
- 実際に細長い紙を使って試してみる。
- 3回目、4回目を折ってみて、パターンがあるかどうか探ってみる。
- 何を見つけ出したいのか、はっきりさせる。
- 折り目に関係するもので、より容易に数えることができるものが他にあるか?
- 新しい事例の予想についてチェックしてみる。

　この問題の解法は提示しません。もし、「ウ〜ン」と唸ったままになっても怒らないでください。学べるチャンスだ、と捉えている限りは「ウーン」と考えることはいいことです。次章を読むことで、新たな意欲をもって取り組めるでしょう。
　問題を棚上げにする前に、想像上で、あるいは図表を使って、さらには実際の紙を使って5回折ってみてください。折り目を数えて、その結果を表に書き出してみてください。
「**スーパー**」の問題のときは「特殊化」、つまり数字を実際に使ってみることが理解する手がかりとなりましたが、「**横長の細い紙**」という問題における「特殊化」は、表に書いたり、実際に紙を使って実験をしたりすることとなります。あなたが自

信をもって操作⁽⁴⁾できるものを使って取り組むことが大切です。それらは、実際のモノであったり、数学的な表や数字、そして記号であったりします。

　特殊化だけでは問題の解決にならないかもしれませんが、少なくとも取り組むきっかけにはなります。それによって問題は、近づき難い外観を失い、手ごわさが弱まることになります。加えて、特殊なケースに触れることで、問題が本当は何について問うているのかという感覚をもたらし、根拠のある予想を可能にします。そして、「何」に焦点を当てるのではなく「なぜ」に焦点を当てることで特殊化が、いったい何が起こっているのかを明確にしてくれるのです。

　次の問題も、慣れ親しんだ領域のものです。

問題・回文数

「12321」や「5115」のように並んだ数字は、初めから読んでも終わりから読んでも同じなので「回文数」と言います。「4桁の回文数は、すべて11で割り切れる」と私の友人が主張しているのですが、本当でしょうか？

---

(2) Banwell, Sunders, and Tahta (1986) *Starting Points for Teaching Mathematics in Middle and Primary Schools,* Oxford University Press
(3) 「ウ〜ン」は行き詰まったときに発する言葉ですが、そのときに自分で試してみることのできるアイディアを表示しています。これらは、一種の「考え聞かせ」と捉えることができます。「考え聞かせ」は、教科に関係なく使える極めて効果的な方法です。詳しくは、『算数・数学はアートだ！』(22〜26ページ)、『増補版「読む力」はこうしてつける』(87〜88ページと175〜177ページ)、および『読み聞かせは魔法！』の第3章を参照ください。

「試してみてください！」

●ウーン！
・4桁の回文数をいくつか挙げてみる。
・その友人の主張を信じるか？
・何を証明したいのか？

●解法
　解法は、洗練されたものではなく、たくさんあるうちの一つの考え方を提供しているだけである、ということを覚えておいてください。この問題に対しても、賢明な取り組み方は特殊化となります。どんな数が使えるのかという感じを私はつかみたいと思いました。それでは、回文数にはどのようなものがあるでしょうか？

「747」や「88」、そして「6」も回文数と言えます。しかし、問題では「4桁の回文数」と言っています。となると、以下のようなものが考えられます。

　　　「1221」「3003」「6996」「7557」

　私は何を探しているのでしょうか？　これらの数が、すべて「11」で割り切れることを証明したいのです。

「試してみてください！」

　いくつかの4桁の数を実際に試してみたところ、友人の主張は正しそうだと思えました。しかし、いくつかの特殊化を行っただけでは常に「11」で割り切れるとは言えません。少なくとも90種類ぐらいはありそうなので、パターンを見つけ出すのが

よいと思いました。

「やってみてください！」

まず、先ほど挙げた四つの数字を試してみました。

$$1221 \div 11 = 111$$
$$3003 \div 11 = 273$$
$$6996 \div 11 = 636$$
$$7557 \div 11 = 687$$

しかし、明らかなパターンを見いだすことはできませんでした。また、このことは、特殊化に関して特に大事な点を浮き彫りにしてくれました。

無作為に試してみることは、予想が当たっているかなど、問題について知るためには悪くない方法ですが、パターンを見つけ出すためには「系統だった特殊化」を試したほうが成功します。この場合、どうすれば系統だった特殊化を試すことができるでしょうか？

「さあ、試してみてください！」

●ウーン！
- 最も数が小さい4桁の回文数は何か？
- その次に小さい回文数は？
- ある4桁の回文数を、どうすれば別の4桁の回文数に変えることができるのか？

---
(4) 「操作」については、275ページの図および注(6)を参照してください。

一つの方法は、最も小さい4桁の回文数（すなわち1001）からはじめて、徐々に増やしていくことが考えられます。例えば、「1001」「1111」「1221」「1331」のようにです。この数字で、友人の主張が正しいかを確認してみます。

$$1001 \div 11 = 91$$
$$1111 \div 11 = 101$$
$$1221 \div 11 = 111$$
$$1331 \div 11 = 121$$

結果は、友人の主張を支持するだけでなく、示唆することが他にもあるということが分かりました。4桁の回文数は「110」ずつ増えていくのに対して、割り算の結果は「10」ずつ増えているのです。

アハ！（分かったときに出す声）　友人の主張が正しいことが分かりました。4桁の回文数は常に「110」ずつ増えています。一番少ない4桁の回文数（1001）は「11」で割り切れ、「110」も「11」で割り切れます。「1001」以外のすべての4桁の回文数は、「1001」に「110」を足すことで得られ、それらはすべて「11」で割り切れるのです。

説明が少しごちゃごちゃしていること以外は問題が解決しました。それとも、まだ解決していませんか？　また、この解決法はすべてのケースをカバーしてくれているでしょうか？　念入りに調べてみましょう！

もし、すべての4桁の回文数が「1001」に「110」を足すこ

とでつくれるとしたら、一の位は常に「1」となります。しかし、それは正しくありません。例えば、「7557」は一の位が「7」という回文数です。どこでおかしくなったのでしょうか？

　特殊化が、4桁の回文数は常に「110」ずつ増えるというパターンを導き出してくれ、それによって解決したと思いました。でも、このパターンは、すべての回文数に有効なわけではありませんでした。なぜなら、すべての回文数が「1」で終わるわけではないため、間違いが予測できるからです。

　前記した「1001」〜「1331」の四つの数字とその差だけで一般化してしまったことが間違いの原因でした。幸いにも今度は、パターンの弱点を指摘してくれる形で特殊化が再び役に立ちます。下の表に記した回文数を見てください。

回文数	1881	1991	2002	2112	2222	2332
差		110	11	110	110	110

　今度は、すぐに信じることはやめて、懐疑的に、より慎重に進めましょう。今度のパターンは、千の位が変わる場合のみだけ「11」の差であること以外は、隣り合う回文数の差は「110」であることを示しています。より多くの特殊化を試してみても同じ結果が得られるので、これこそが基本的なパターンであると信じてよさそうです。

　このようにして、特殊化によって再びどんなパターンが妥当かを見抜くことができました。では、この新しいパターンが妥当と言えるのはなぜでしょうか。

4桁の回文数を小さいほうから順に並べていくとき、千の位が同じ回文数は一の位も同じでないと回文数にはなりません。つまり、それは十と百の位だけが変わることを意味し、それぞれが前よりも一つずつ大きくなるので差は「110」ずつとなります。

　続きの回文数の千の位が変わるときは、前の数に（千と一の位を増やすために）「1001」を足し、（百と十の位を「9」から「0」に減らすために）「990」を引くことで得られます。これが、表で示されている「1001 − 990 = 11」なわけです。

　両方とも差は「11」で割り切れます。したがって、最小の4桁の回文数「1001」が「11」で割り切れるなら（実際、割り切れます！）、すべて割り切れることになります。

　それでは、特殊化がどのように役立ったのかについて振り返ってみましょう。

・「回文数とは何か」を理解させてくれる助けになった。
・4桁の回文数の仕組みに関する理解を促進させてくれた。
・友人の主張が正しいことを、特殊化を通して予測することができた。
・その後、系統的な特殊化によってパターンを導き出し、主張の正しさが確認できた。
・パターンの正しさを確認したことで、さらなる特殊化の必要性を認識させてくれた。

　このように、特殊化は効果的かつ容易に、しかも多様な形で使えるので、数学的思考の基本となります。

提示した解法は、最も簡潔で美しいとは決して言えませんが、最初からそんなものを求めていたわけではありません[5]。最初の試みが、教科書に書いてあるような解法になることは滅多にありません。

　もしあなたが、数学が得意で、文字の扱いにも慣れていたら、より容易に、しかも素早く解法にたどり着けたことでしょう。例えば、すべての４桁の回文数は、ＡとＢを数字としたときに「ＡＢＢＡ」で表せることに気づくはずです。そのような数は、以下のように表すことができます。

$$
\begin{aligned}
1000\,\mathrm{A} + 100\,\mathrm{B} + 10\,\mathrm{B} + \mathrm{A} &= (1000+1)\,\mathrm{A} + (100+10)\,\mathrm{B} \\
&= 1001\,\mathrm{A} + 110\,\mathrm{B} \\
&= 11 \times 91\,\mathrm{A} + 11 \times 10\,\mathrm{B} \\
&= 11(91\,\mathrm{A} + 10\,\mathrm{B})
\end{aligned}
$$

（もし、この式を理解するのが難しいときは、「Ａ＝３」と「Ｂ＝４」とした特殊化などで試してみてください。他にも、ＡとＢに数字を当てはめることで、この式が表しているパターンに納得がいくことでしょう。）

　しかしながら、この式で示したとても簡潔で美しい解法には特殊化の痕跡はありません。式で表すことで、４桁の回文数すべてに当てはまる解法を提示しているからです。この解法をつ

---

[5] しかしながら、数学において、簡潔で美しいこと（エレガントであること）はとても大切です。詳しくは、『算数・数学はアートだ！』の21ページを参照ください。

くり出すには前提条件があるのです。それは、4桁の回文数や、文字式（の扱い）や十進法に精通していることなどです。そうでないと、ＡＢＢＡが何を意味するのか混乱してしまいます。

　回文数と式で表しているものを操れるようになる必要があります。操れるようにすることが、解法には表れない隠れた特殊化のスタートであり、それこそが特殊化の本質的な価値と位置づけられます。

　分かりやすいものを使って問題を探ることで、分かりにくいものも自信をもって操れるようになるのです。

一般化

　特殊化の議論で無視できないのが、いくつかのケースから全般的なケースを予測する**一般化**（Generalizing）です（一般化については、資料の282ページを参照ください）。

　一般化は、数学の活力の源です。特定のケースの場合、その結果が役立つことは間違いないのですが、数学的な結果の価値は、その特定のケースを含めた特殊な結果だけではなくて、すべてのケースに当てはまる一般的な結果にあるからです。

　例えば、「**スーパー**」の問題にあった100円という商品の場合、その結果を知ることは、最終的な値段が値引きと消費税のどちらを先に計算しようと常に同じであることを知ることよりもはるかに劣るのです[6]。

　一般化は、まだそれをはっきりと表せなかったとしても、根底にあるパターンに気づいたときにはじまります。いくつかの

値段で「**スーパー**」の問題を試したあと、私は計算の順番は結果に影響しないことに気づきました。これが、根底にあるパターンの一般化です。

私は、計算の順番が結果に影響することはないと予測しました。モノの値段を記号Ｐで表すことで計算を楽にすることが可能となり、その結果、一般化が成立することを証明したのです。

一般化はここで終わりません。もし、値引きと消費税が変わったらどうなるでしょうか？　そのときは、計算する順番が結果に影響するのでしょうか？

「**もし、まだ試してないなら、いまやってみてください！**」

---

(6) つまり、具体的ないくつかの特殊化の例の答えを知ることは、一般的な場合のパターンを知ることに比べると価値が劣る、ということです。

前に導き出した計算の式から、実際の率（％）はこの議論に関係のないことが分かります。数学における記号や式のもつ力の一つは、このような一般的なパターンを表現できることにあります。「**スーパー**」の問題の場合、値引きをDで、消費税をVで、そして元の値段をPで表すと以下の式のようになります。

　　値引きを先に計算した場合：$P(1-D)(1+V)$
　　消費税を先に計算した場合：$P(1+V)(1-D)$

　この二つの式の結果から得られるものは、記号が表している数の掛ける順番に関係なく常に同じです。記号を使うことで議論を簡略化することができますし、すべてのケース（すべての値段、消費税、そして値引きの率）を一度に処理することができるのです。
　とはいえ、記号を使うことは、考えられているほど単純なことではありません。記号が、数字のように身近で意味のあるものになっていないと使うことはできないのです。
「**スーパー**」の問題は、数学的思考の大きな部分を占める「特殊化」と「一般化」の間を行ったり来たりするという単純な形で示される問題です。つまり、特殊化の例をいくつか集めることで一般化が証明できるということです。
　一つのパターンにまとめることで予想（的確な推測や情報に基づいた推測）を可能にし、それがさらなる特殊化でパターンの正当性を検証させてくれます。予測を正当化するプロセスは、「何が正しいか」から「なぜ正しいか」に焦点が移行する一般

化を伴います。

　ちなみに、「**スーパー**」の問題で私は、最初に掛ける順番は最終的な値段（何が）[7]に影響しないという予想を立てました。そして、それを証明するために、私は計算する方法（なぜ）を検討しました。

　一方、「**回文数**」の問題では、一般化に関する他の二つの重要な点を示すことができました。「系統だって特殊化」を行うことは、しばしば一般化のための大切な助けとなります。適当に選ばれた例よりも、関連のある例のほうがパターンを明らかにしやすいからです。

　しかしながら、そこには危険もあります。それによってパターンが見えやすくはなるのですが、実際は部分的にしか正しくないにもかかわらず、正しいと思い込まされることがあるからです。

「**回文数**」の問題では、特殊化の事例として千の位が変わるときを試さなかったので、続きの回文数に「11」の違いしかないものがあることを見落としてしまったのです。このように、見えたパターンや一般化を信じる前に、多様な事例で確認する必要があります。

　これも数学的思考の大事な点です。つまり、むやみに予想をしすぎることは、予想しない場合と同じレベルで危険だということです。一般化を信じ過ぎることと、逆に懐疑的であり過ぎることの間には、微妙なバランス感覚が必要となります。それについては、第5章と第6章で詳しく扱います。

---
(7)「何が」と「なぜ」については、25～30ページと41ページで説明されます。

記録を残すことの大切さ

 次の問題に取り組む前に、数学的な経験を記録に残す方法を紹介したいと思います。考えたことを忘れないで、あとで振り返れるようにするためです。

 体験を記録することで気づくことが増えますし、数学的思考を磨く際にもそれが貢献することになります。記録に残すのは次の三つです。

・問題の解法を探す過程でひらめいたすべての重要な考え。
・行おうとしたこと。
・途中で感じたこと。

 これは明らかに難しい注文ですが、試す価値は十分にあります。特に記録は、手詰まりになったときに何をすればよいかを教えてくれます。単純に、「ウーン！（行き詰まった）」と書けばいいのです。手詰まりだということを自分で認めることが、そこから脱出する第一歩となるのです。

 感じたことや数学的な考えを書き出すことは、目の前にある真っ白な紙に取り組みはじめたことや、考えたことの足跡を残すことを意味します。

 書きはじめることで、考えが次から次へと出てくる可能性もあります。そうしたら、自分がやりたいと思ったことを書き出せばいいのです。そうしないと、どんなふうに考えたか、あるいはなぜそう思ったのかなどを忘れてしまいますから。

 一生懸命に取り組んで解法を導き出したと思ったのに、そも

そも何のために、そしてどうやったのかについて覚えていないというのは、悲しくかつもったいないことと言えます[8]。

　本書に掲載されている問題を解くときにも、自分のためにメモを取ることをおすすめします[9]。書くことがたくさんあるからといって、やる気を失わないでください。章が進むに従って、何を記録に取ればいいかについて提案をしていきます。

　メモを取りはじめるのは、まさに**いま**です！　次の問題を解くときにはじめてください。自分のしていることを延々と説明する必要はありません。何を考えていたのかが分かる程度の短いメモで十分です。

　ただし、特殊化と一般化を忘れないでください。自分でやれることをやり切った時点で、私のやり方と比べてみてください。私が書くものは、あなたが書くものよりも必然的に長く、かつ形式的なものになります。また、分かりやすくするために一部を太字にしています。

---

[8] 文章を書くときも、まさに同じアプローチを取ることができます。「メモ書き」という方法で、自分の頭の中にあるものをとにかく書き出してみることで、その先が見えてくる可能性が大きくなるのです。『イン・ザ・ミドル』の185〜191ページを参照してください。

[9] 翻訳協力者の一人から以下のコメントをもらいました。
「『算数・数学はアートだ！』でも感じたことでした。ここでの『メモ』は、問題を取り組むときに何を行っていくのかを書き出すことだと思いますが、本を読むうえでも感じたことを書き出しておくことが大切であると実感しました。一度目と二度目で感じ方が変わり、それを書き留めておき、再度見たときにまた感情が変化するなど、私自身における捉え方の変化にも気づきました」

問題・パッチワーク

正方形を分割する直線をまず一本引きます。そして、さらに数本の直線を、直線同士が交差するように引きます。その結果、正方形の中には大小様々な領域ができます。次に、それらの異なる領域を色分けして塗ります。隣り合う領域に同じ色は使えません（一点のみで接している領域は、隣り合う領域とは見なしません）。この作業をするのに、少なくとも何色を必要とするでしょうか？

「**問題に挑戦してみてください。考えや気持ちを書く形で、試してみたいと思ったことを書き出してみましょう。行き詰まったときだけ、私のコメントを参照してください**」

● ウーン！

- 特殊化を使って問題を明らかにしてみる——色を塗りはじめてみる。
- 何を**知っています**か？　どんな配置にすればいいのでしょうか？
- 何を**知りたい**ですか？
- 系統立ててみる。

● 解法

この問題は、何を問うているのでしょうか？　どうなるか、実際に線（特殊化）を引いてみましょう。

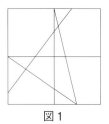

図1

5本の線は、全部で13の領域をつくり出しました。隣接する領域とは異なるように色を塗らなければならないことを、私は**知っています**。以下が、それを四つの色で塗った方法の一例です。

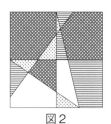

図2

この配置において、最も色が少なくて済む方法を私は**知りたい**と思っています。4色が最低でしょうか? 3色で**試してみ**ましょう。

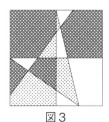

図3

できてしまいました! では、2色ではどうでしょうか?

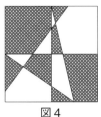

図 4

また、できてしまいました！　当然のことながら、1色では不可能です。したがって、この配置には最低2色が必要であることが分かりました。

色を塗っている途中、**図 5** のように、反対側の領域は常に同じ色を塗らなければならないことに気づきました（一般化！）。

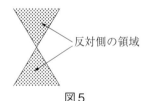

図 5

2色で常に十分でしょうか？　他の例で試してみましょう。その際、先ほど発見した「反対側の領域は常に同じ色を塗ること」を活用してください（また、特殊化です！）。

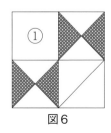

図 6

アハ！「反対側の規則」はここでは通用しませんでした。「反対側の規則」を使って先に黒く塗ると、①の部分は黒にも白にも塗れないことになってしまいます。この結果、2種類以上の色が必要か、それとも「反対側の規則」を放棄する必要があることになります。

どちらを選びますか？　まずは「反対側の規則」を放棄して、2色でどうなるか試してみましょう。

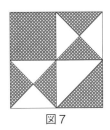

図7

これに成功し、一か所を黒で塗ったことで、あとはすべてが簡単だったことに気づきました。隣接する領域を異なる色にすればいいという「隣接の規則」を思いつきました。「反対側の規則」は役に立ちませんでしたが、すべての領域は2色で塗り分けることができるのではないかという予想をすることができました（**何が正しいかを見抜く一般化**）。

でも、その予想を証明するだけの証拠をまだこの時点では挙げられていません。**ウーン！**　手詰まりの状態です。私は、これが常に成り立つことをどうしたら証明できるのでしょうか？

アハ！　パターンに沿った具体例で考えてみること（**系統的特殊化**）です。

1本の線の場合は2色で十分です。

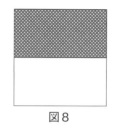

図8

2本の線の場合も2色で十分です。

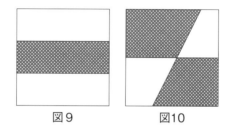

図9　　　　　　図10

3本の線の場合も2色で十分です。

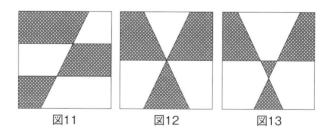

図11　　　　図12　　　　図13

アハ！　線を増やしながらこれを系統的に続けることで、なぜ2色で十分なのかが見えてきました（一般化によって、なぜそうなのかが見えてくる）。新しい線を加えると（例えば、3本目の線）、いくつかの元の領域は二つの領域に分かれます。

そのとき、3本目の線の片側は前の色を維持する一方で、別の側は色を反転させます。**図14**と**図15**がそれを例示しています。

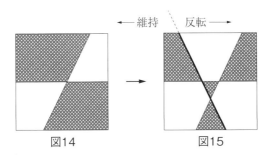

確認してみましょう。24ページの**図4**が（特殊化を繰り返しながら）どうしてできたのかを見てみましょう。

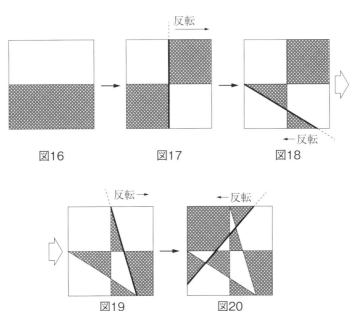

この事例ではうまくいきました。もちろん、すべてのケースでうまくいくと思います。うまくいった条件を考えてみたら、以下の二つを思いつきました。
❶接する領域は異なる色で塗られることによって、新しい線の両側の領域は規則どおり塗られた。
❷新しい線の片側はすべての色が反転する。

　その結果、新しい線が加えられた正方形の中のすべての領域が2色で塗ることができました。
　苦労して描いた**図4**と同じ結果が得られたのは、単に幸運だったからでしょうか？　この新しい方法を使いながらも、線の引き方を変えてみたらどのような結果が得られるでしょうか？　その例の場合、何色で塗り分けられるでしょうか？　そして、一般的には？　さらに、直線ではなく曲線にした場合はどうなるでしょうか？　あるいは、正方形（2次元）ではなく立方体（3次元）の場合ではどうでしょうか？
　これらのいくつかのケースについて調べてみることをおすすめします。この問題を完全に理解するためには、それを様々な状況下で見ることが必要だからです。
「さあ、試してみてください！」

　解法を理解し、そして吟味するためのもう一つの方法は、自分が行ったことを振り返ることです。自分で何をしたのかについて、すぐに忘れてしまう人が多いだけに、考えながら書いたメモには計り知れない価値があることになります。

あとで、自分が何をすべきだったかと思い出して書くことに意味はありません。しかしながら、実際にあなたが行ったことを振り返ることには大きな価値があります。あなたが書いたメモと、私のメモを比較してみるといいでしょう。あなたのメモは、私のものよりもはるかに少ない文字量となっていることでしょう。一方、私のものは、オリジナルのメモをもとにして書き足したものです。

　これから本文中に登場する**太字**は、書き込みのタイミングを表しています。「**パッチワーク**」の問題でも、もしかしたら、あなたは違うやり方を選んだかもしれません。でも、色を塗りながら、私の「反対側の規則」や「隣接の規則」に似たようなパターンやルールを見つけたはずです。

　大切なことは、自分の考えに気づいて、それを言葉で表現することです。頭の中にあるだけでは多角的に検討することは不可能ですが、書き出すことでそれが可能となります。

　実際、私の「反対側の規則」は有効なものではありませんでした。しかしながら、はっきりと言葉にすることでそれを確認することができましたし、その欠点に気づき、そして修正することができました。ここで、特殊化をどのように使いこなしたのかについて気づいてくれたらうれしいです[10]。

　　・問題の感じをつかむために、まずは無作為に
　　・一般化に向けての準備のために、系統的に
　　・一般化をテストするために、巧みに

---

[10] 81ページの図から、特殊化と一般化は、問題を解く段階に含まれていることが分かります。

解法は、異なる一般化の利用法も示してくれます。特定の結果（何）を一般化することが、どんな配列であっても2色で塗り分けられるのではないかという仮説を導きました。また一般化は、間違った「反対側の規則」と正しい「隣接の規則」、そして最終的に、線を足すごとに色を塗り替えるという方法に導いてくれました。このように、自分自身を説得する段階では「なぜ」に焦点を当てた一般化が使われています。

「**パッチワーク**」の問題に取り組む前に、私は解法に向けて考えられることや、感情や問題から考えたことなどを書き出すように提案しました。しかし、あなたは、その必要性を感じずに、実行しなかったかもしれません。もし、書き出していなかったら、あなたは自分自身と思考の本質について学ぶ機会を逃してしまったと言えます。

　したがって、これから問題に取り組む際は、しっかり書き出すことをおすすめします。逆に、すでに書き出していたなら、それが容易ではないことが分かったと思います。最初は厄介だし、必要性も感じられません。しかし、この段階での忍耐が、あとで大きな見返りを提供してくれるのです。

　何を書いたらいいのか、もう少し具体的に示します。書くことによって、あなたの数学的思考の助けとなる枠組みが提供されることになるでしょう。書き出すことによって頭の中に入り込み、思考の枠組みを自分に見えるようにすることができるのです。そのような行為が、継続的なサポートを提供してくれます。書き出さないということは、その場限りとなる、あやふやな状態で考えることを意味します。

数学的思考の枠組みは、いくつかのキーワードで構成されています。それらのキーワードを使うことで、過去の思考の経験が呼び起こされます。そして、それらのつながりが過去に役立った方法を思い出させてくれます。

　本章では四つのキーワードを紹介しますが、第２章ではさらに増やすことになります。中世の時代、キリスト教などの文献の余白に赤字で添え書きをした「rubric」という伝統に倣って、キーワードの枠組みをここでは「**書き込み**」と呼びます。あなたが自分でメモを書き出す行為が、この書き込みです。

　あなたが考えるときや書くときに使ってほしいキーワードは、以下の四つです。

「ウーン！」「アハ！」「確かめる」「振り返る」

○ウーン！

　行き詰まったと思ったときは「ウーン！」と書きます。なぜ行き詰まったのかを書き出すことが、前に進む際に役立つのです。例えば、次のような感じです。

　　私は、……が分からない。
　　私は、……をどうしたらいいのか分からない。
　　私は、……がどうなっているのか分からない。
　　私は、……がどうしてなのか分からない。

○アハ！

　アイディアが浮かんだときや、何かが見えたときには「アハ！」と書きます。そうすることで、どんなアイディアだった

かをあとで思い出すことができます。

多くの人は、たとえいいアイディアが浮かんでもすぐに忘れてしまい、あとで思い出すことができません。いずれにしても、「アハ！」と書くことは気分がいいものです。そのあとには、以下のようなことを書きます。

　　……を試してみる。
　　たぶん……
　　でも、なぜ……

● 確かめる

確かめる際には、次のようなことを行います。

・すぐに計算や根拠を確かめる。
・いくつかの例（特殊化）が明らかにしてくれたことを確かめる。
・自分の解法が、問題をちゃんと解いたかを確かめる。

● 振り返る

やれること、やりたいと思ったことをすべてやり終えたら、時間を取って何が起こったのかを振り返ります。たとえあまり遠くまで行けなかったとしても、何をしたのかを書き出すことは、あとで効率的に、あるいは新鮮に取り組めるようにしてくれるものです。

さらに、振り返りをまとめることで、閉塞状態から解放されるかもしれません。特に、以下のようなことについて書き出すといいでしょう。

・鍵となるアイディアを書き出す。
・記憶のなかで特に鍵となった瞬間について書き出す。
・体験から学んだプラス面について書き出す。

　どんな問題に取り組むときにも、**書き込み**をするという習慣を身につけるように強くおすすめします[11]。もちろん、キーワードはあなた好みで変更しても構いません。大切なことは、使う言葉に慣れて、使いこなすことです。それらが、本書で提供する具体的なアドバイスを呼び起こすのに役立つからです。

　提供されるアドバイスをすべて覚えることはできません。タイミングよく誰かのアドバイスで行き詰まり状態を解消してもらうことを期待しないで、自分の経験を引き出せるようになってください。書き込みは、その経験を引き出すための方法です。第7章では、アドバイスと書き込みのキーワードの関係について詳しく述べます。

　書き込みは、猿まね的、および独断的にされるべきではありません。そんなことをしなくても、少しの練習によって、「何をすべきか」や「何ができるか」といった文言は自然に出てきます。

---

[11] 協力者の金子豊先生から次のコメントをもらいました。
「ここまで読んでくると，問題を解く際に書き込みをすることの重要性を強く感じます。同時に授業のノートを取ることが対極的にあることも。以前，生徒のノートの取り方を調べたことがあるのですが，とにかく生徒たちはよく消しゴムを使います。板書を写す＝ノートを取ることと思っている生徒が大多数でした。だから，教師が提示した問題を見て，解けそうな気がしてノートに書いてみた計算などが黒板と違うと気づくやいなや，生徒は躊躇せずに違う部分を消してしまします。もったいない！」

自分の頭の中でアイディアが形づくられている最中に書き出すと、そのアイディアが失われてしまうのではないかと心配する人もいます。そんなときは、無理をしないでください。でも、確実に言えることは、これらのキーワードが反射的に使えるようになると、アイディアを突き止めやすくなるということです。反対に、思いつきのアイディアをページのあちらこちらに書くというのは避けてください。

　誰もが、書き込みをすることは難しい、と最初のうちは感じますが、それを乗り越えた人はその価値を理解します。

　さて、書き込みについては十分に説明しました！　それでは、次の問題を書き込みをしながら解いてみてください。特殊化すること、そしてそれらから一般化することを忘れないでください。

問題・チェスボードの中の正方形

　普通のチェスボードには「204の正方形がある」と主張されることがあります。この主張が正しいと証明することはできますか？

「**試してみてください。書き込みをしながら**」

● ウーン！
- 普通、チェスボードには64のマス目（正方形）しかない！
- 他のどんな正方形を数えたのか？
- もし、頭が混乱して、ちょっと複雑になりすぎるなら、

特殊化を試してみるとよい。例えば、小さめのボードで考えたりすることによって。
・系統立った数え方をすべきだが、それにはいろいろなやり方があり得る。一つを実際に試す前に、最低でも二つの異なるやり方を見つけるとよい。

○解法

204もの正方形？ チェスボードには8×8で64の正方形しかないので、私は**行き詰まり**状態です。**アハ！** 分かりました。小さなマスだけでなく、より大きな正方形も数えているのです。例えば、以下の図のような正方形です。

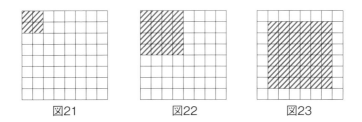

図21　　　　　　図22　　　　　　図23

この新しい「正方形」の解釈によって私は、1×1（全部で64個）、2×2、3×3……そして8×8（これは一つしかありません）の正方形の数を数えるべきことが分かりました。その目的を達成するためには以下のような表が使えます。

大きさ	1×1	2×2	3×3	4×4	5×5	6×6	7×7	8×8
数	64							1

その結果が「204」であることを証明すればいいわけです。

これなら妥当と言えるかもしれません。まずは、2×2の正方形を数えることからはじめましょう。見てください。たくさんのオーバーラップがあります。

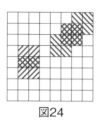
図24

ご覧のように、系統立てて数える必要があります。チェスボードの一番上の線に触れる正方形はいくつあるでしょうか？

七つです。次の線に触れるのは？　同じですから、やはり七つです。次の線は？

おっと！　線に触れる正方形とはどういう意味でしょうか？それは、正方形の上の辺が触れることを意味しています。そうでないと2度数えてしまうかもしれませんから。

答えは、また七つです。**アハ！**　すべての列は七つです（一般化）。では、私は何列を数えればいいのでしょうか？　9本の線がありますが、最後の2つの線は2×2の正方形が触れることはありません。したがって、七つの正方形が7列ありますから全部で49個となります。

大きさ	1×1	2×2	3×3	4×4	5×5	6×6	7×7	8×8
数	64	49						1

アハ！　64は8×8で、49は7×7ですから、私にはパター

ンが見えます。3×3の正方形は「36＝6×6」個あるはずです（一般化と予想）。

3×3の正方形を実際に数えて**確かめます**。いくつが一番上の線に触れますか？　6個ですが、その理由も分かりました（一般化）。一番上の線に触れている縦の線は9本あり、右側の3本以外は3×3の正方形の左の辺に相当します。したがって、一番上の線に触れている3×3の正方形は「9－3」個であり、一般化すると、一番上の線に触れているK×Kの正方形は「9－K」個あることになります。

同じく、一番左側の線に触れる9本の横の線のうち、「9－3」本のみが3×3の正方形の上の辺になります（9本あるうちの下の3本は使えません）。したがって、「9－K」本が「K×K」で使えます。その結果、3×3の正方形は「36＝(9－3)×(9－3)」個ということになり、「K×K」の正方形の場合は「(9－K)×(9－K)」個ということになります。

これで、表の残りを埋めることができます。先に表に書いていた（1×1、2×2、そして8×8）結果と合致し、私の予想は確かめられました（**確かめる**）。

大きさ	1×1	2×2	3×3	4×4	5×5	6×6	7×7	8×8	K×K
数	64	49	36	25	16	9	4	1	$(9-K)^2$

この表には満足していますが、まだ終わったわけではありません！　チェスボードの中の正方形全部の数を知りたいのです。

$$64 + 49 + 36 + 25 + 16 + 9 + 4 + 1 = 204$$

振り返ると、この結果は縦横 N 列ずつのチェスボードの一般化の結果であることに気づきます。K×K の正方形の数は、縦に (N＋1－K) 個、横に同じく (N＋1－K) 個、つまり (N＋1－K)×(N＋1－K) 個になります。そうなると、すべての大きさの正方形のトータルは以下の通りとなります。

$$(1 \times 1) + (2 \times 2) + (3 \times 3) + (4 \times 4) + \cdots\cdots + (N \times N)$$

鍵となるアイディアは、2×2 の正方形の数を系統立てて数えたことでした。それが一般化を可能にし、望み通りの結果をもたらしてくれました。2×2 の正方形がオーバーラップする混乱という分かりづらい状態から、線に触れる正方形を数えるだけの単純明快な状態への移行は、私の記憶に鮮明に残っています。

さて、あなたのメモと私のメモを比較して見てください。この問題に取り組む方法はたくさんあり、私の数え方はあなたのものとは違っていたかもしれません。異なる正方形のサイズには異なる色を使って正方形の中央に印を付けて数える方法は、算術的な結果をもたらしてくれるとても素晴らしい幾何学パターンを提供してくれます。

あなたの解法を注意深く振り返って、どこで特殊化と一般化を使ったかを見てください。特に、私が一般化を異なる形で使いはじめたことに注意してください。私が一般化を使いはじめたのは、各列の 2×2 の正方形の数が同じだと気づいたときでした。

より高度な（それとも、深い？）レベルで3×3の正方形を数えていたときには、K×Kの正方形が横（9−K）と縦（9−K）というパターンで計算できることを発見しました。それによって、4×4、5×5、6×6、7×7の正方形を個々に計算しなくても済んだのです。そして、最終的に、8×8のチェスボードを「N×N」という形で表したときに、トータルの結果を得るための一般化の方法も見つけることができました。

同じような一般化の使い方を、あなたのメモには認めることができましたか？　私の解法は**書き込み**をしながら導き出すものとしては典型的な結果と言えます。もちろん、その場の勢いでメモを書くときと比べると、私のメモは秩序だっており、包括的でもありますが。たぶん、私の解法の特徴は、書き出すことの価値を見いだしやすい、たくさんの書き込みをしたことにあると思います。

私の解法が示すように、**書き込み**をするというアイディアは、猿まねのように書いたり、思考の邪魔をしたりすることではありません。そうではなく、数学的な体験を体系化し、記録し、そしてつくり出すための枠組みなのです。もし、あなたの頭がフル回転しているときにそれを緩める効果があるなら、それは好ましいことでしょう(12)。また、行き詰まったときに何をするかを教えてくれるなら、それも役立ちます。

レビューとプレビュー

　本章では、「特殊化」と「一般化」という二つの基本的な数学のプロセスを紹介しました。白紙を前にして途方に暮れる必要はありませんし、最初に浮かんだアイディアだけを頼りに、やみくもに突進する必要もありません。誰でも、自分が考えやすい、具体的な例を試してみることができるのです。

　抽象的で、自分とかけ離れた例を試しても意味はありません。問題を解く前に、まず具体的で、自信がもてるレベルの例を使って解釈することが大切です。そうすることで、何が起こっているのかを把握することができます。その結果、解法が見えてくるかもしれません。

　内在しているパターンを明らかにすることを「一般化」と呼んでいます。それは、いくつかの特定の例に共通する特徴に焦点を当て、他の特徴は無視することを意味します。それが明らかになったら、一般化は「予想」に変化します。そして、その予想が正しいかどうかを判断するために、よく調べることになります。この過程こそが数学的思考の本質です。

　特殊化は、例を選ぶことを意味します。
　　・問題を理解するために無作為に
　　・一般化に向けての準備をするために系統立てて
　　・一般化を検証するために巧妙に

　パターンが見えてこないときに特殊化は、進展が図れるまで

問題を単純化したり、もっと具体的にしたり、あるいはさらに特殊化したりすることになります。

一方、**一般化**は以下のようなパターンを発見することを意味します。

- **何**を正しいと思えるか（予想）
- **なぜ**正しいと思えるか（証明）[13]
- **どこ**が正しいと思えるか——つまり、問題のより一般的な背景（さらなる問題！）

数学的思考の体験に気づき、記録し、そしてそこから学ぶための方法として**書き込み**も提案されました。ちょっとしたメモをより分かりやすいものにするだけでも大きな価値があったと言えますが、そのさらなる可能性については、このあとの章においてさらに明らかにしていきます。

繰り返しておきましょう。**書き込み**用のキーワードとして紹介したのは以下の四つです。
「**ウーン！**」「**アハ！**」「**確かめる**」「**振り返る**」

書き込みは、解法をつくり出す足場と考えることができます。そして、あなたの数学的思考を伸ばすのに欠かせないもの、つまり解法を確かめたり、振り返ったりする際にも役立ちます。

---

[12] なぜ、回転を緩めたほうがいいのかについての理由は、88ページで説明されています。

[13] 「予想と証明」は、「直観と論理」ないし「帰納と演繹」という表現のほうが日本では馴染みがあるかもしれませんが、ここでは原語に忠実に訳しました。

```
プロセス                                    書き込み

       ┌ 無作為に
  特殊化 ┤ 系統立てて
       └ 巧妙に
                                         ウ～ン！  アハ！

       ┌ 何を正しいと思えるか
  一般化 ┤ なぜ正しいと思えるか
       └ どこが正しいと思えるか

                                         確かめる
                                         振り返る
```

あとの章に登場するたくさんのテーマについては、すでにこの章の問題を扱うなかで示唆されています。

第2章では、数学的思考の各段階についての認識を高めることと、書き込みについて補足することを目標にしています。特に、問題に真剣に取り組む際、最初の段階で十分な時間を費やすことと、終わったあとに振り返ることの重要性が強調されます。

問題に取り組みはじめる中心的な段階については、第3章以降で扱います。すべて、本章で紹介した特殊化と一般化のプロセスに戻ってくるか、それらをベースにしたものとなっています。

第 2 章
問題を解く三つの段階

　本章では、問題を解くプロセスを、「入り口」、「取り組み」、「振り返り」の三つの段階に分けて説明をしていきます。一つの段階から他の段階への移行は、あなたの問題の捉え方の変化と解法の進み具合とに依存します。自らの思考のなかで、これら三つの段階を意識できれば、自分が何をすべきなのかについて適切に認識できるようになります。

　数学をするとき、ほとんどの時間が問題に取り組むことに費

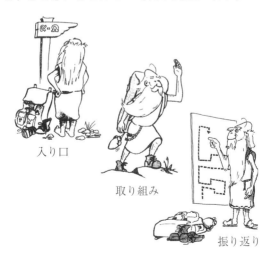

入り口

取り組み

振り返り

やされているという事実を考えると、三つのなかで「取り組み」が最も大事なものと言えるかもしれません。しかし、そうではないのです。

問題の解けない理由は、「入り口」と「振り返り」に多くの人が適切な注意を払わないからです。「取り組み」の段階は、問題に満足のいく形で入れたときにしか起こりません。そして、同じことが、思考の重要な節目を振り返ることで、過去の体験から学ぶことに時間を割いたときにも言えます。

本章では、「入り口」と「振り返り」に焦点を当て、「取り組み」についてはのちの章で扱うことにします。

三つの段階

前章で紹介された「**スーパー**」の問題を思い出してください。問題を2〜3回読み直したあとでも問題を理解したとは思えず、何がどうなっているのか分からないことがあります。経験のある数学的思考者でさえ、取り組みはじめる前に「問題が解けないのではないか」という不安を振り払うために、ある程度の時間と努力が必要だと感じています。

問題に取り組みはじめる前の「入り口」の段階は、問題に遭遇したときにはじまります。そして、解法に向かって取り組みはじめたときに終わります。

なかには、最初に思い浮かんだアイディアを試すことが待ちきれず、全体を見渡して、何が求められているのかを確かめずに、本格的に取り組みはじめる人もいます。でも、最初のボタンを掛け間違えると（しばしば問題を理解し損ねて）、改めてやり直さなければなりません。それゆえ、効果的に取り組みはじめられるように準備することがとても重要となります。

　確かに、問題の解法を見いだす最大の努力は「取り組み」の段階で起こります。それが完成した解法に至ることもありますし、いくつかの予想と未解決の問題で構成された未完成という解法で終了することもあります。いずれの場合でも、行ったことが確認され、プロセスと難しかった点が振り返られ、考えうる質問と解法の発展が加えられたりする最終段階の振り返りが行われるまで、その活動を止めるべきではありません。

　例えば、「**スーパー**」の問題のときは、「入り口」の段階では計算する順番は関係ないという予想まで私は行いました。また、「取り組み」の段階では、この予想はどんな値段にも正しいことを明らかにしました。そして、「振り返り」の段階では、自分が特殊化をどのように活用したかを振り返り、それがどんな値引きや消費税にも使えることを証明しました。

　三つの段階は、第1章で紹介した基本的なプロセスから生じているように思われます。「入り口」の段階では、簡単な数値で成立を確認したりすることで問題の内容を理解しようとします。問題を解明しようとする「取り組み」の段階では、多くの特殊化と一般化を使います。そして、ここでたくさんの「**ウーン！**」と「**アハ！**」が起こります。

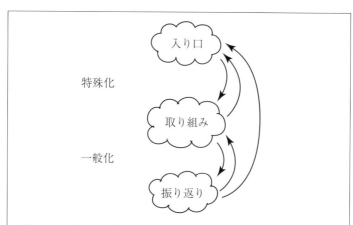

訳注：この図（および、この本全体）が示している数学的思考で大切なことは、「行ったり来たり」や「間違い」を前提にしているということです。それに対して、教科書を使った学習では「間違い」や「行ったり来たり」や「振り返り」はほとんど前提にされていません。しっかりした「振り返り」を可能にするには「書き込み」が大切なのですが、ご存じのとおり、それはまったく注目されていません。

　難しいところをなんとか解消する努力は、「取り組み」のなかに居続けるか、「入り口」に戻ることを意味します。そして、問題から離れる前に、三番目の「振り返り」の段階をすることが重要となります。

　間違いや不適切な点を見つけたときは「入り口」か「取り組み」に戻りますし、もし面白い新しい問題を発見したときは、たぶん解法の「一般化」を使って、再び全部のプロセスを最初からすることになるかもしれません。

　これらの三つの段階は、問題に取り組む際にとても重要な柱を提供してくれています。本章では、「入り口」と「振り返り」について、**書き込み**でプロセスや思考について書き留める際に

使う追加の言葉も提案しながら詳しく説明していきます。より複雑な段階である「取り組み」については、前述したように第３章以降で説明します。

入り口の段階

まずは、「入り口」の段階の存在を認識することが大切です。経験のない多くの数学的思考者は、問題を一度か二度読むだけで、それがほとんど不可能であるにもかかわらず、最終的な答えにたどり着けると思い込んでいるものです。「入り口」の段階では、効果的な取り組みの準備をするために十分な時間を割くことが重要となります。

問題に直面したときに「入り口」の段階がはじまります。ほとんどの場合、問題は書かれていますから、この段階のアドバイスを簡単に言うと**「問題をよく読む」**ということになります。

他のケースを挙げると、別の問題に取り組んでいたり、数学以外のことをしていた状況から問題が生まれたりすることもあります。そうした場合、「入り口」の段階で行うことは、問題を明確に書き出し、何をしたいのかを決断することとなります。

いずれの場合でも、行うことはかなり明確です。直面した問題に二つの方法で理解を図ります。一つは、与えられている情

報を理解することで、もう一つは、問題が何を問うているのかを理解することです。

「入り口」の段階で行われるもう一つの活動は、表記法や特殊化の記録の残し方など、取り組んでいる間に行うことの準備をすることです。この段階ですべきことは、以下の三つの質問に答える形で行うといいでしょう。

❶私は何を**知っている**のか？
❷私は何を**知りたい**のか？
❸私は何が**使えそう**か？[1]

これらの質問は、**書き込み**に組み込む形で使ってください。相互に関連しているので、質問の順番は重要ではありません。「**知っている**」、「**知りたい**」、「**使えそう**」の三つを念頭に置いて次の問題に挑戦してみてください。

問題・ロープでつながれたヤギ

牧草地の中にある4m×5mの小屋の角に、ヤギが長さ6mのロープでつながれています。このヤギは、どれぐらいの面積の草を食べることができるでしょうか？

「さあ、試してください！」

○ウーン！
　・図が**使えそう**。
　・**知っている**ことを書き出す。

・何を**知りたい**のかをハッキリさせる。
・**知りたい**ことを扱いやすい部分に分ける。

　本能的に、私は図を使おうと考えました。そして、それに与えられた情報を書き込み、さらにその結果も書き込んだのです。図は、情報を理解するうえで最も効果的なツールです。幾何の問題だけでなく、他のいろいろな状況でも使えます。

　何を知っているのかをはっきりさせたことで、**知っていること**と**知りたい**ことを関連づけて、すべての面積をいくつかの部分に分けることにしました（特殊化の一種）。そうすることで計算がしやすくなり、簡単に足せましたから。

　次の三つのセクションで、「入り口」の段階に関するアドバイスを詳しく紹介していきます。

入り口1・私は何を知っているのか？

「**ロープでつながれたヤギ**」という問題は、私が何を**知っている**のかについて二つの要素があることを示しています。それは、問題からと自分の経験からの二つです。問題からは、小屋とヤギについての情報を得ました。そして、図を描いて、それらの

---

(1) これらの3項目は、対象などに応じて、「①何が分かるか？　②何を求めたいのか？　③どのような道具や手法やアイディアが使えるか？」、あるいは「①仮定、②結論、③既知の定理、公式、図示」、さらには「①与えられた条件、②目標とすべき事柄、③武器や技」などに置き換えて使ってください。いずれにしても、①は現在地、②は目的地、そして③はそのギャップを埋める方法を表しています。

情報を書き込んでいると、過去の経験から事実やスキルを突然思い出しました。

　もし、記憶を呼び覚ませないときは、自分自身に問いかけてみることが効果的となります。似たようなものや、類似したものを見たことがないか、と。それらが引き金となってアイディアが浮かびます。記憶を呼び覚ます最も効果的な方法は、プロセスをメモの形で書き出し、「振り返り」の段階でそれらをしっかりと振り返ることです。

「入り口」の段階で問題をよく読み、必要な情報を引き出してよく理解し、そして関連すると思えるアイディアを書き出すことで、「私は何を**知っている**のか？」と「私は何を**知りたい**のか？」という二つの答えが得られます。情報に触れるだけでは問題を解くには不十分なので、提供されている情報を理解するための簡単な方法をいくつか紹介します。

「問題を注意深く読む」ことが最初のアドバイスです。しかしそれは、しばしば軽視されています。情報が無視されるだけでなく、早く取り組みたくて問題を誤解したり、完全に的を外してしまったりしています。

　たくさんのジョークやなぞなぞ、そしてパズルは、このような読み間違えるといった傾向をベースにしたものとなっています。例えば、次の例のような問題です。

例題

　セント・アイヴスに行く途中、7人の奥さんをもつ男に出会いました。奥さんたちはみな、七つの袋を持っていま

した。それぞれの袋には、7匹の猫が入っていました。それぞれの猫には7匹の子猫がいました。

子猫、猫、袋、奥さん、どれだけの人がセント・アイヴスに行くところでしたか？

注意深く読んで、当事者たちがどこに行くのかを確かめさえすれば、計算する必要などまったくない問題です。もう一つの、お気に入りの問題を紹介します。

例題

縦幅3フィート6インチ、横幅4フィート8インチ、深さ6フィート3インチ（メートル換算だと、約1m×1.4m×2m）の穴にはどれくらいの土があるでしょうか？

ほとんどの人が、掛け算をはじめることでしょう。

問題が提供してくれている情報を理解するための2番目のアドバイスは、第1章で紹介した「特殊化」を試みることです。**「横長の細い紙」**と**「回文数」**の問題では、長い紙を折る際のルールを理解したり、4桁の回文数の並びを明らかにしたりするのに特殊化が役立ちました。特殊化の目的は、問題はいったい何なのかを明らかにすることと、対象に対する自信と理解を増すことです。

問題が提供してくれていることを理解しているかどうかを見る際、ベストとなる方法の一つは、自分の言葉で問題を書き出してみるか、誰か他の人に説明することです。それは、問題を

暗記したり、書き出したりすることではありません。その代わりに問題の核心を捉えて、自分の言葉で書き出すことを意味します。もし、あなたが書いてあることをよく理解しているのであれば、容易に問題を再構成することができるでしょう。

「『ロープでつながれたヤギ』の問題について、核心を言い直してみてください」

私は、次のように言い直してみました。

ヤギは異なる円弧を描きながら小屋の角を起点にしてグルグルと回ります。私が知りたいのは各面積の合計です。それぞれの面積はそれほど重要ではありません。

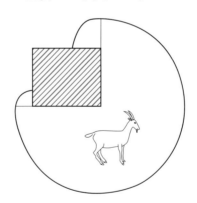

時には、問題で提供されている情報が長くて、分かりにくく、誰も言い直しができないと思われるようなものもあります。そんな場合は、情報を分類したり、体系化したりする時間を取るとよいでしょう。

そのためのよい方法は、提供されている情報を簡潔に、系統

立てて図や表に書いてみることです。実際に問題に取り組むときに目標とすることは、適切な情報を選んで使うことができるようにするために、提供されている情報の種類がどのようなものかという感触をつかむこととなります。

次の問題で提供されている情報を、都合のいい方法で表してみてください。実際に取り組む前に、それぞれの文章がどんな情報を提供しているのかを明らかにするのです。

問題・ご婦人たちの昼食会

5人の女性が丸いテーブルを囲んで座り、昼食をとっています。オズボーンさんは、ルイスさんとマーティンさんの間に座っています。エレンは、キャシーとノリスさんの間に座っています。ルイスさんは、エレンとアリスの間に座っています。キャシーとドリスは姉妹です。ベティーの左手にはパークスさんが、右手にはマーティンさんが座っています。

ファースト・ネーム(名)と「さん」が付いているファミリー・ネーム(姓)が一致するようにしてください。

「**試してみてください！**」

○ウーン！
 ・丸テーブルの図を**使う**。
 ・誰が誰の隣にいるか、**知っている**ことを図に書き込む。
 ・まだ使っていない情報はあるか？

◉解法

　ファミリー・ネームとファースト・ネームが入り混じっていますが、オズボーンさんとエレンとルイスさんとベティーの隣に座っている人たちの情報が座席の配置を教えてくれそうです。ベティーの左手にはパークスさんが座っているという情報が出発点になりそうです。

　五つのファミリー・ネームと五つのファースト・ネームを確認すると、「キャシーとドリスは姉妹です」という文章は、残念ながら、その事実しか提供していないことが分かります。つまり、姉妹だからといって、ファミリー・ネームが同じかどうかの情報は提供していないのです。

　これが、**知っている**という感覚を得ることです。つまり、解法につながるヒントを見いだせるように、個々の文章を注意深く吟味するのです。

　「ご婦人たちの昼食会」のような問題は、パズル集などではよく見かけるものです。そして、図や表などを使って情報を整理することが問題を解く効果的な方法となります。情報を使いこなし、そして記録することを系統立てて行うという体験ができるので、このようなパズルはとても価値があります。

　この方法は、より難しい問題の「取り組み」段階でしばしば応用することになります。たくさんの情報を集めて、いくつかの例を試したあとは、それらを整理して、分かりやすく書き出すのです。

　情報を引き出したり、理解したりすることは、どんなときでも大切となる思考のスキルです。

最近、私は新しいミシンを購入しました。説明書を読むことで多少役立ちましたが、書いてあることをより理解できるようになったのは、説明書を見ながら実際にミシンを使いはじめたときでした。

　まったく同じことが数学でも言えます。図を描いたり、特殊化を試したり、表をつくったり、問題を言い直したり、モノを使って試してみたりするなど、積極的な取り組みが成功を約束してくれるのです。

入り口2・私は何を知りたいのか？

「私は何を**知りたい**のか？」という問いかけは、私は何をしなければならないのか、ということに注意を促してくれます。

　　「答えを見つけ出すこと」
　　ないし
　　「何かが正しいことを証明すること」

　何を見つけ出すのか、あるいは証明するのかが明確にならないと、問題を解く際に大きな障害となります。多くの人は、これが問題の原因であることに気づけません。真面目に書き込みを書くだけでは、このリスクを減らすことはできません。
　例えば、「**チェスボードの正方形**」という問題では、いくつかの付随する質問を生み出しました。それは、次のようなものでした。

そこには、2×2の正方形はいくつあるのか？
あるいは
　　一番上の線に接する2×2の正方形はいくつあるのか？

これらを、私がいま知りたいこととしてしっかり記録しないと、大事な質問は簡単に消え去ってしまいます。

時には、「私は何を**知りたいのか**？」に答えることは簡単かもしれません。そのような場合は、例えば「**ロープでつながれたヤギ**」や「**横長の細い紙**」といった問題のように、何をしたらいいのかを明確にすることと、情報を理解することが密接に関連しています。

「**ロープでつながれたヤギ**」の問題では、文章で説明されている面積に、例えばA、B、Cのような記号を使うことが求められています。合計の面積と各部分の面積との混同を避けるために、記号が何を意味するのかを明確にすることが求められます。もちろん、「**横長の細い紙**」という問題の場合も、何を数えているのかを明確にすることが大切となります。

しかし、「**パッチワーク**」のような問題では、問題がとても簡明に書かれているにもかかわらず（がゆえに？）、何が必要かを理解することが難しいと言えます。このような場合は、特殊化が必要とするものを明らかにする助けとなります。

注意深く読むことがとても大切です。「私は何を**知りたいのか**？」に関しては、問題の曖昧さや誤った解釈に注意を払うことが特に大切となります。

次に挙げるデュードニー著の『パズルの王様4（Amusements

in Mathematics)』(藤村幸三郎・林一訳、ダイヤモンド社、1965年、77〜78ページ)に掲載されている問題の答えも、どのように解釈するかにかかっていると言えます。

問題・不可解な分数

「ねえ、ジョージちょっと」と従兄弟のレジナルドが言い、「$\frac{4}{4}$は、$\frac{3}{4}$よりどれだけ多いのか?」と、尋ねました。
「$\frac{1}{4}$!」と、みんなが同時に叫びました。
「もっと別の問題を出してよ」と、ジョージが言いました。
「もし、今の問題を正しく答えられたら喜んで」と、レジナルドは答えました。

「さあ、試してみてください!」

レジナルドは「$\frac{1}{3}$」と答えてほしかったのです。レジナルドは、100mを$\frac{4}{4}$、75mを$\frac{3}{4}$と捉えているので、その差は25mとなります。つまり、75mの$\frac{1}{3}$だけ多いことになります。でも、他の人たちは、レジナルドの質問を「ケーキ」にたとえて、「$\frac{4}{4}$のケーキは、$\frac{3}{4}$のケーキよりもどれだけ多いのか?」と理解して答えていたのです[2]。

---

[2] 訳者の一人である藤村さんは、以下のように解説しています。「基準をどちらにとるかの問題である。基準を全体に取ると$\frac{1}{4}$でよいが、基準を$\frac{3}{4}$にとると、その$\frac{1}{3}$を加えることは$\frac{3}{4}×\frac{1}{3}$を加えることになって$\frac{3}{4}×(1+\frac{1}{3})$=1で、ちょうど合う」。ちなみに、この本の英語版の全問題は、以下のホーム・ページか本の英文タイトルで検索すると読めます。
http://www.gutenberg.org/files/16713/16713-h/16713-h.htm

このような例は、問題の提示の仕方が悪かったということで片づけられるかもしれませんが、曖昧さや誤った解釈、そして明確な定義の欠如は数学的思考においては頻繁にあります。例えば、チェスボードにおける正方形の数を問われたとき、異なる解釈のもとでは「64」も「204」も正しい答えとなります。曖昧さや複数の解釈の存在に気づけるようになることは、とても大切なことです。

以前は明らかだと思った概念を明確に定義づけることは、数学の新しい領域を開拓するときの基礎的なステップとなります。例えば、なめらかな曲線の一部を拡大するとほとんど直線に見えるという直観的なアイディアを明確に定義することによって、数学に「微分」という新しい領域が誕生しました。

「私は何を**知りたい**のか？」に答えることは、そう簡単なことではありません。別の問題の解法から自然に生まれた問題のとき、自分が何をしたいのかを判断するためには注意深く考えなければならない大切な作業となります。

同様に、次のような日常生活から生じる問題の場合は、読み方によってたくさんの方法で解くことが可能となります。

問題・封筒づくり

封筒のストックがなくなってしまいました。自分でつくるとしたら、どうしますか？

「さあ、試してみてください！」

○ウーン！
  ・これまでに封筒をよく観察したことがあるか？
  ・特定の書類を入れる封筒をつくるのに、必要な紙の大きさはどのくらいか？
  ・そもそも、封筒は必要か？
  ・封筒はどのような特質をもっていなければならないか？

　この問題があなたに何をイメージさせたかによって、いろいろな方向に向かってしまうことが考えられます。私自身、あまりにも多様な大きさや形、そして様々な様式の封筒があることを不思議に思っていました。そして、一つを分解することによって、その形に興奮してしまいました。さらに、最も効率的な形なのかどうかなどについても考えはじめてしまいました。

　しかし、封筒がなくなったからといって手の込んだことをする必要はありません。単に折り畳んで、テープを貼るだけで問題は解決です！

入り口3・私は何が使えそうか？

「ロープでつながれたヤギ」と「ご婦人たちの昼食会」の問題は、ともに図を必要としていました。データや様々なものを分かりやすくするための記号を整理するために、表やグラフといった他の方法を使わなければならないこともあります。なかには、はっきりと言い表されていないものを名づけるといった必要もあります。

厄介そうな問題も、新しい状況に置き換えてみると鮮明になることがあります。「**ロープでつながれたヤギ**」と「**ご婦人たちの昼食会**」のような問題で図を使うことは、あなたの頭の中のイメージを拡張し、重要な要素を取り出すことに役立ちます。一方、「**横長の細い紙**」（第1章）という問題の場合は、他の方法に頼る前に頭の中でしてみることがとてもよい練習になりますが、それよりも実際に紙を折ったほうがはるかに簡単です。

　頭の中でしてみることが図を使う際の準備になりますし、またその逆に、実際に注意深くモノを使うことが頭の中で取り組むために役立ちます。

　これらのことを理論として知ることは簡単ですが、それを実際にすることは容易ではありません。問題の範囲を超えることは難しいと思われがちですが、**知っている**ことや**知りたい**ことを自分の経験や自信のあることに置き換えられたとき、さらなるモノやアイディアが浮かび上がります。

　書き込みの言葉に**使えそうな**ことを加えるというのは、役立つものは何でも使う自由があるんだ、という心構えを促進させるためです。

　あなたが問題をコントロールしているのであって、その逆ではありません！　どんなものが役立つのかをはっきりさせるために、言葉をはっきりと定義しておくことにしましょう。

　　表記──何に名前を与え、どんな名前を与えるかを判断すること。
　　整理──知っていることを記録したり配置したりすること。

置換――操作しやすいのは何かを判断し、それらを問題の
　　　　要素と置き換えること。

次の問題は、これら三つの側面をすべて扱う事例となります。

問題・小さな立方体で大きな立方体をつくる

いま、八つの立方体があります。そのうち、二つずつが「赤」「白」「青」「黄」の色で塗られています。それらを使って、すべての色がすべての面に１回出るように大きな立方体をつくりたいと思っているのですが、それが可能となる置き方は全部で何通りありますか？

「さあ、試してみてください！　最初は頭の中で、次に実際の立方体を使って」

◯ウーン！
・特殊化――少なくとも一つの配置はできるか？
・何を**知っている**のか？　条件は明快か？
・何を**知りたい**のか？　いくつの方法で立方体はつくれるか？
・どんな置き換えが使えそうか？　八つの色塗りの立方体を使う前に、立方体か図に面を描いてみる。あるいは、たとえ触らなくても、状況をイメージする助けになるかもしれないので、手近な箱を観察してみる。
・異なる答えを説明する／記録する方法を使ってみる。

振り返って思うことは、3次元の問題を扱う場合、実際にモノを使って考えたほうが必ず分かりやすいということです。色のパターンを気にしつつ、「異なる」の意味を判断しながら、一つの方法を見つけだすのが最初のステップとなります。ひっくり返してもパターンが同じではないことが確認されたら、二つの立方体は異なると判断できます。

「異なる」の違った定義によって、もちろん答えも変わってきます。問題について考えられることを表すために本物の立方体を使うときは、いろいろと得られる答えを（物理的に、イラストで、記号で）注意深く記録することが特に重要となります。それによって、相互に比較できるからです。

　あとで解法を確認するとき、答えを表す便利な表記（つまり、記号や略記やルールなど）が必要不可欠となります。したがって、この問題を解くには、**使えそうな三つの要素**（表記、整理、置換）がすべて重要となります。

　多くの大人は、「**小さな立方体で大きな立方体をつくる**」や「**横長の細い紙**」のような問題を解くとき、具体的なモノを使うのは子どもじみていて、抽象的な思考に偏るといった傾向のある一般的な人にとっては許されないことだ、と思い込んでいる場合が多いものです。これは不幸なことです。

　いかに単純なものであっても、適切に再現する方法を使うことで、一見難しかった問題を簡単なものに転換できることがしばしばあります。数学的思考者の目標は、問題を難しい方法で解くのではなく、よい[(3)]解法を得ることであると覚えておいてください。

その助けになるモノは何でも使えますし、また使うべきです。たとえ、部屋の角に置いてある箱に触ることはなくても、それを見ることが「**小さな立方体で大きな立方体をつくる**」という問題を解くうえにおいては大きな助けとなります。どういうわけか、箱を見ることが、頭の中で映像化する能力とモノを置き換える能力、つまり想像力を活性化させるのです。

　次に紹介する「ホットプレートで早くパンを焼く方法」という問題も、最初は抽象的に取り組みがちとなりますが、単純な置き換えが大いに役立つ事例と言えます。

　紙でパンを表すことで、素早く問題を解くことができるのです。紙の存在が、たとえそれに触れることがなくても、イメージする力を活性化し、多様な可能性について考えやすくするのです。

問題・ホットプレートで早くパンを焼く方法

　ホットプレートで3枚のパンを焼きます。しかし、一度に2枚の片面しか焼けません。片面を焼くには30秒かかります。そして、パンを入れたり出したりするのに5秒ずつかかり、別の面にひっくり返すには3秒かかります。3枚のパンの両面を焼くのに必要とされる最も短い時間は何分ですか？

「さあ、試してみてください！」

───────────────
(3)「よい」とは、「できるだけシンプルで、誰にも分かる」と置き換えられると思います。

◉ ウーン！
　・曖昧な部分に注意して！
　・140秒以内にはできる。
　・どの段階の時間短縮に集中するべきだろうか？

　パン3枚を効率的に焼き上げる方法を見つけたら、より大きなホットプレートを使って、より多くのパンを焼くにはどうしたらいいのかについて考えてみてください。一般的な結果が、いくつかの面白いパターンを示してくれることでしょう[(4)]。

◉ 入り口のまとめ
　入り口の段階ですべきことは、三つの質問に答えることだと提示しました。
❶私は何を**知っている**のか？
❷私は何を**知りたい**のか？
❸私は何が**使えそう**か？

　情報を見逃さず、曖昧さに気づくために注意深く問題を読み、特殊化を試すことが、「私は何を**知りたい**のか？」と「私は何を**知っている**のか？」という問いに答えるために提案されました。
　問題にどのような情報が含まれており、それらをどのように利用できるのかという強い感覚を、少なくとも得ることが大切です。問題を再構成しようとすること（詳しい必要はない）は、あなたが何を知りたいのかを知るためにはよい確認方法となります。問題をそのまま書き写すことは時間の無駄ですが、自分

の言葉で大切な点を書き出すことが特に助けとなります。

図や記号、そして表などを**使う**（具体的に考える）ことは、問題を理解する際に大いに役立ちます。そして、記録を残したり、置き換えたりするために表記法を**使う**ことによって、その問題のスタート地点にあなたを立たせることになります。

取り組みの段階

問題があなたのものになったとき（入り口の段階を経て問題を把握したので）、あなたの思考は取り組みの段階に入ります。そして、この段階は、問題を解いたか、放棄したときに終わります。

この段階で行う数学的な活動は複雑で多様なので、以下の四つの章で詳しく説明していきます。取り組みの段階と特に関係するのは、「ウーン！」と「アハ！」の二つの状態（第3章）と「予想」（第4章）、そして「納得のいく証明」（第5章）と呼ばれる基本的な数学のプロセスです。これらは、すべて「特殊化」と「一般

---

(4) 問題の正解を得ることだけでなく、このような応用を考えることこそが面白い！ しかも、こういう応用問題を自分で考え出せることが。この応用を大切にして、自分で新たな問題をつくり出してしまうという発想、日本の算数・数学の教育にはあるでしょうか？

化」に左右されます。

　取り組みの段階では、いくつかの異なるアプローチや計画が考え出され、試されることになります。新しい計画が実施されたときは、作業はすごいスピードで進むかもしれません。それに対して、すべてのアイディアを試したあとは、新しいひらめきやアプローチが浮かぶことを長い間待つという段階となります。この「待ったり、じっくり考えたりする」といった特徴が、第６章のテーマとなります。

　当分の間、行き詰まったときは、即決やストレスを避けてその状態を受け入れ、「ウーン！」に集中してください。結局のところ、実際に行き詰まり、それを受け入れることしか行き詰まりから脱却する方法を学ぶことができないのですから。

　そして、残念ながら現状ではあまり行われることのない、次節で扱う「振り返り」の段階が多くの学びを提供してくれることになります。

振り返りの段階

　かなり満足のいく解法にたどり着くか、あるいはお手上げで諦めようと思ったときは、自らが行ったことを振り返る必要がありますし、とても大切なこととなります。

　その名称が示唆しているように、振り返りは思考のスキルを改善したり、伸ばしたりするためと、解法をより一般的な場面や状況に置いてみるために、何が起こったのかを考える時間となります。それには、自分がしたことを**確かめて**主な出来事を

振り返ることと、より広い場面や状況でプロセスと結果を**応用発展**してみるために前方を見ることが含まれます。

これら三つで振り返りの段階の枠組みが完成すると同時に、あなたの書き込みの用語にこれら三つを加えることはとても価値があります。

❶解法を**確かめる**
❷鍵となるアイディアや節目を**振り返る**
❸より広い場面や状況に**応用発展する**

振り返りにおける一番効果的な方法は、自分の解法を誰かに読んでもらうために書いてみることです。上記の三つの活動を踏まえて、「**チェスボードの中の正方形**」という問題のメモを開いて、あなたが何を、そしてなぜしたのかを、この問題を考えたことのない人でも分かるように書き出してみてください。それを行う過程で、あなたは解法を改善するアイディアが生まれ、他の問題を解くために応用発展をしはじめるかもしれません。

「早速、試してみてください！」

入念にメモを読み返すと、以前には気づくことのなかった「**チェスボードの中の正方形**」と「**回文数**」の問題に対する理

解の仕方に関して、その対比に気づくことでしょう。あなたの混乱したメモを、**書き込み**の言葉を使いながら、自分が何を、なぜしたのかを理解できるだけの説明に転換していくことで、あなたは最終的な成果物に満足するだけでなく、鍵となった節目（問題の本質に近づいた節目）をより身近に感じることができるはずです。

　解法の中心的な考えは明確にされ、さほど重要でないものと区別される形で、すでに振り返りがはじまっています。そのまま進めてください！

　解法の細部を新しく書き換え、論証を組み立て直すことは、徹底して**確かめる**ことを保証してくれます。詳細を見直し、明確にしようとすることで、問題へのあなたの理解と、それがもたらした結果の**応用発展**の準備となっています。

　本章と本書の残りの問題に取り組む際は、ぜひこの**振り返り**の段階で扱っている内容をしっかりと書き出してください。自制心が求められます。あなたが自らの思考の改善を望むときには特に必要となりますが、十分な見返りがあります。

振り返り 1・解法を確かめる

「**チェスボードの中の正方形**」の問題を振り返っているとき、私は以下のような**確かめ**があることに気づきました。

　・計算の間違いを確かめる。
　・私が考えていた通りに計算が行われていたかどうかを確かめるために、論証を確かめる。

・推論が妥当だったか、その帰結を確かめる（K×Kの大きさの場合は、9－K個の正方形が一番上の線に触れるので、K＝8の場合は、8×8の正方形が1個だけを意味し、確かめられる）。
・補完的な問題ではなく、元の問題に答えているかを確かめる。

　上の二つの**確かめ**はそのときすでに行われていましたが、その場の勢いで取り組んでいるときの**確かめ**は、ゆったりして冷静なときのそれよりも信頼性が低くなります。

　いずれにしても、最初に行ったときとまったく同じことをして間違いを見つけるというやり方は、**確かめ**の方法としてはよくありません。大きな桁の数を筆算したことのある人なら誰でも知っていますが、他の方法で行ったほうがずっといいのです。

　すでに解法を得たあと、知恵を活用すれば、新しく、しかも簡単な方法が思いつくのではないでしょうか。そうすることで、解法を明らかにするだけでなく、新たな発見が得られるかもしれません。例えば「**チェスボードの中の正方形**」の問題においては、左上の角で正方形を数えるのではなく、正方形の対称の中心に焦点を当てることで、算術的な内容に幾何学的なパターンを見いだすことができます（次ページの三つの図を参照）。

　3番目の確かめである「結論の**確かめ**」はとても強力です。「**回文数**」の問題で、結論を確かめていたときに間違いを発見したことを思い出してください。続きの回文数はすべて「110」の違いがあるとしたら、すべて一の桁は「1」で終わることを

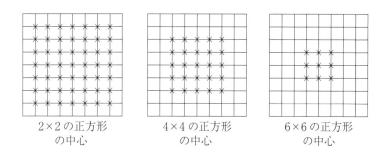

2×2の正方形 の中心　　4×4の正方形 の中心　　6×6の正方形 の中心

意味してしまいます。それはおかしいです！

　解法をきれいに書き上げ、新しい解法を求め、結論の影響を見ることは解法を確かめるのに役立ちますが、果たして絶対に間違いを犯していないと言えるでしょうか？　結局のところ、確実には言えないということです。

　数学界が長年にわたって正解として受け入れてきた結論や証明にも、あとになって間違いがあったとされたケースが結構あります。確かめることは難しいことなので、証明を扱う第5章で再度取り上げます。

振り返り2・鍵となるアイディアや節目を振り返る

　振り返ることは、数学的思考力を伸ばすために最も重要な活動であると言えます。何をしたのか振り返らないと、自らの体験から学んだとは言えません。**振り返りが楽しい空想に耽ることではないように、解法に向けて鍵となるアイディアや瞬間を明らかにする形で、しっかりと構造化することを提案します。**

　例えば、「**チェスボードの中の正方形**」という問題において

鍵となるアイディアは、2×2の正方形の数を数えることができると気づいたことでした。そして、「64、49、……」という平方数のパターンに気づいたときでした。鍵となる節目は以下のときとなります。

- 系統的に数えることに気づいた。
- 正方形のパターンの予想（64、49、……）を確かめるために、さらなる特殊化を使った。
- 一般化がなぜ正しいかを見るのに特殊化を使った。

　この三つが、私の記憶に鮮明に残っています。次にパターンを数えることがあったら、私は「**チェスボードの中の正方形**」のケースを間違いなく思い出すでしょう。なぜなら、振り返りのときにそれを思い出す時間を取ったからです。次に、一般化がなぜ正しいのかを見たいときは、私は特殊化をさらに試すことになるでしょう。

　鍵となるアイディアを思い出し、それをさらに鮮明にすることは、経験をより強固なものにする方法となります。あなたにとって大切な数学の道具です。書き込みないしメモを使ってあなたの思考を記録することは、**鍵となる節目**を思い出すのに大変役立つのです。そして、それらを写真に撮ったように記憶して学ぶことで、当時のまま鮮明に保存することができるのです。

　写真はあなたのチューター（個人的な指導者）になり、もし行き詰まったときは、過去に使えた**鍵となるアイディア**を思い出させてくれます。このようなスナップ写真を撮って、関連のある経験を思い出させるようにすることが第7章のテーマです。

振り返り3・より広い場面や状況に応用発展する

再び、「**チェスボードの中の正方形**」の問題に戻ってください。自分がしたことを振り返ることで、私はK×Kの正方形が、チェスボードの幅（例えばN個）に収まる数は「N＋1－K」であることに気づきました。これがなぜ正しいのかを理解しはじめたとき、この結果は、どんなサイズのチェスボードについても、その正方形の数を予想するのに適合していることに気づいたのです。

この**応用発展**は強制されたものではなく、より深い理解から自然に生まれたものでした。**応用発展**は振り返りと密接に関係しています。例えば、4桁の回文数の結果を4桁以外の回文数に応用発展しようとすると、解法が4という偶数に依存していることが明らかにされるかもしれません。

応用発展は、次のような質問形態で誘発されることになります。

・なぜ4桁？
・もし〜だとしたら、どうなるだろうか？

何が大切だったのかと振り返ってみると理解が増し、以前はかなりも̇が̇い̇た̇にもかかわらず、ほんの少しだけ追加の努力をすることで、予想もしなかったたくさんの結果がもたらされます。

例えば、次のような問題は、「**チェスボードの中の正方形**」の問題のあとであれば簡単に解くことができるでしょう。

問題・チェスボードの中にある長方形の数
　チェスボードの中に長方形は全部でいくつありますか？

「さあ、試してみてください！」

○ウーン？
　・あなたは何を**知りたい**のか？
　・まずは小さなチェスボードで試してみる（特殊化）。
　・長方形を数えるどんな体系的な方法が一番いいか？
　・チェスボードで正方形を数えた方法を検討して一般化する。
　・**応用発展**すると？　チェスボードを一般化する！

　チェスボードの正方形の合計を表す「204」という数字は、より広い状況に置かれました。それは、多様なパターンがあり得るなかの特別なケースです。面白い問題の特徴の一つとして挙げられるのは、元の範囲を押し広げる**応用発展**をいくつかもっているということです。その結果がより広範な場面や状況で使えるとき、あなたはそのことを本当に理解することになります。

　それは、前提を取り払ったときか、緩めたときにしばしば起こります。例えば、次のような場合です。

　・なぜ普通のチェスボードか？　N×Nで試してみる。
　・なぜ正方形だけを数えるのか？　長方形を数える。
　・なぜ正方形ではじめるのか？　長方形の中の長方形を数える。
　・なぜ2次元だけで考えるのか？

> **訳者コラム**　　「だからなんなの？」
>
> 「学校では、頻繁に『だからなんなの？』という疑問の声が上がります。答えだけでなく、内容に関してもです。この感覚を取り除くことは大変難しく、個人差が強く表れると感じています。子どもたちの好奇心が強く表れる瞬間は、『当たり前だと思っていたことが崩れたとき』です。常識のように感じていたものが壊された瞬間、彼らの集中度合いが跳ね上がるのです。その感覚に常に置くことができれば、『だから何なの？』という感覚は取り除くことができるのだと信じています」
>
> 　これは、翻訳協力者からいただいたコメントです。小学校で「数学者の時間」を実践しているメンバーから、この点に対して、「複数の正解を得る方法がある問題（良問？）に取り組むこと」と「子どもたちの問題づくり」という二つの対策が挙げられました。後者の「問題づくり」は、まさに応用発展を考えることと言えます。

「答えを見つけたけど、だからなんなの？」という感覚を取り除くことができれば、「**横長の細い紙**」の問題（第１章）は**応用発展**する価値があることになります。入り口と振り返りのアドバイスの観点から、この問題についてもう少し取り組んでみるだけのよいタイミングだと思います。

　もし各回、半分ではなく１／３ずつ折ったらどうなるでしょうか？　折られた紙を広げて、折れ目のパターンを調べるとどうなっているでしょうか？

　問題をより一般的な場面や状況に置いてみることで（つまり、一般化することで）、より大きな枠組みのなかでの重要性を明

らかにすることができます。また、解法を**応用発展**することにはもう一つの利点があります。

　数学的思考は、あなたが問題に熱心に取り組むまではじまりません。最も魅了する問題は、常に自らが考え出した質問です。それは、自分で特殊化したり、入り口の段階における活動で自らが面白くしたり、自分自身の体験から生まれたりしています。また、最も面白く、やりがいのある問題は、一見極めて退屈な結果を一般化しようと試みたときに生まれるものですから、とても興味深いと言えます。

　応用発展することは、自分自身の問題をつくる際にはとてもよい源となります。第8章では、より一般的（かつ大切）な課題である「自問自答できるようになること」を扱います。

振り返りを練習する

　しっかりと書き込みをしながら、次の問題に取り組んでみてください。問題は極めて簡単に答えられるので、振り返りに集中してください。

問題・はい回る虫たち

　ロス君は、トカゲとカブトムシとミミズを集めています。彼は、トカゲとカブトムシを足した数よりも多くのミミズを持っています。全部で12の頭と26本の足があります。ロス君は何匹のトカゲを持っていますか？

●ウーン？

- 特殊化してみる。
- あなたは何を**知っている**のか？
- あなたは何を**知りたい**のか？
- はじめるにあたって、あなたは何を**使える**のか？
- 分からないものはいくつあるか？ 式はいくつあるか？ 何が助けになるのか？

●解法

　私は、トカゲが何匹いるか**知りたい**のです。頭が全部で12あることは**知っています**。**アハ！** ということは、12匹の動物がいるということです。私は、足が26本あることも**知っています**。トカゲは足を4本（もちろん、すべてが五体満足であることを前提にしています）、カブトムシは6本持っており、ミミズは持っていません。したがって、26本の足はカブトムシかトカゲのものとなります。

　例えば、もし1匹のトカゲしかいない場合は、カブトムシは22本の足を持っていることになります（特殊化）。**アハ！** これは不可能です。

$$\frac{22}{6} = 3 + \frac{2}{3} \quad (カブト虫)$$

　次に、2匹のトカゲを試してみます。すると、カブトムシの足は18本で、3匹のカブトムシと7匹のミミズがいることになります。これ以外に答えがないことを証明できれば、これが問

題の答えとなります。

ウーン！ 明らかにする方法が考えられません。何か記号を**使って、式をつくることを考えるべきでしょうか？ アハ！**そんなことをする必要はありません。7匹のトカゲだと足の数が多すぎます。したがって、トカゲは6匹が限界のようです。表をつくって、それぞれの場合を確かめることができます。これは、あくまでも一つのやり方です。

トカゲの数	1	2	3	4	5	6
カブトムシの数	$3\frac{2}{3}$	3	$2\frac{1}{3}$	$1\frac{2}{3}$	1	$\frac{1}{3}$
ミミズの数		7			6	
トカゲとカブトムシよりもミミズが多い		はい			いいえ	

取り組みは終了です。論証と計算を確認しましたし、問題にもちゃんと私は答えました。さて、私の解法を**振り返り**ます。便宜上、トカゲの数をT、カブトムシをK、そしてミミズをMと書きます。明らかに、はい回る虫たちは五体満足でなければなりませんから、T、K、Mはすべて自然数となります！

特殊化が私を納得させてくれました。特殊化を体系的にすることで問題を解くことができましたが、これは常にいい方法でしょうか？ いや、違うかもしれません。もし、扱う足の数が大きかったとき（例えば260本だったりしたら）や、足の合計ではなくて、足の数の違いが分かっているときなどは他の方法を考え出す必要があります。でも、たぶん、Tの数とKの数にはパターンが存在すると思われます。

前ページの表において、私はTとKを結びつけるパターンに気がつきました。Tが1増えるごとにKは$\frac{2}{3}$ずつ減り、3本目の縦列ごとに整数になっています。たぶん、表から導き出されるパターンは、大きな数の問題を解く際にも活用できると思います。

　私は、ミミズには足がないことが幸運だと気づきました。なぜなら、それによってTとKのみに集中できるからです。そして、Mについてはあとで考えればいいのです。もし、ミミズがクモに代わっていたらどうなっていたでしょうか？

　解法について**振り返る**ことで、次のような新しい問題が呼び起こされました。

❶26（足の本数）と12（頭の数）がより大きな数字に変わった場合、この問題をどのように解くことができるでしょうか？

❷トカゲとカブトムシとクモの場合は、どのように解くことができるでしょうか？

　元の問題の解法をじっくりと振り返ったことで生まれたこれら二つの問題は、両方とも考えてみる価値があります。他の問題の解法から自然に生まれたものですから、今のところはまだ問題設定がよくないかもしれません。

　したがって、新しい問題の入り口の段階は、問題をより的確にすることからはじめる必要があります。「私は何を**知りたい**のか？」に答えることが、最初にすることとなります。

「さあ、試してみてください！」

振り返りの段階には、重要な役割がもう一つあります。類似した問題を認識できるという能力は、数学的思考においてはとても大切な武器となります。この力をつける一つの方法は、問題を解いたあとに、どのようにこのテクニックが他の場面や状況に応用できるかを、一息ついてから考えることです。その際は、鍵となるアイディアと問題の表面的な様相を区別することが大切となります。

　今回の場合は、トカゲやカブトムシの代わりとして物理的な場面や状況があり得ますので、似た問題はいくらでも可能です。例えば、駐車場にある自動車とモーターバイクの車輪の数などです。より探究的な一般化は、トカゲとカブトムシに似たような情報を扱いながらも、ユニークな解答が得られるものです。

　振り返りの段階が提供してくれる恩恵の多さにもかかわらず、振り返りの段階はとても軽視されています。いったい、なぜでしょうか？

　取り組み段階のほとばしる興奮のあと、すでに確信している結果を確認しなければならないというのは、確かにやる気をもたらしてくれるものではないでしょう。さらに、問題を自分のものとは捉えられなかったときは、できるだけ早くそれから離れて次の（より点数が得られる？）問題に移りたいものです。その結果、数学の内容について学べるチャンスとともに、とても価値がある思考プロセスについても学ぶ機会を失ってしまうのです。

振り返りのまとめ

振り返りの段階ですることは、あなたの数学的思考を磨くうえで決定的に重要であると提案しました。それは、以下に挙げる三つの、相互に関連する活動で構成されています。
❶解法を**確かめる**。
❷問題の解明の過程で、鍵となるアイディアと節目を**振り返る**。
❸結果をより広い場面や状況に**応用発展する**。

振り返りは、あなたの答え（たとえ部分的なものであっても）を誰かに読んでもらう形に書くことからはじまります。それをすることは、特にあなたが新しい方法を求め、それに関して鍵となるアイディアを強調したい場合、自動的に4種類の**確かめ**をすることになります（68〜70ページを参照）。

鍵となる節目を思い出し、頭に映像化することは、数学的な経験を自分のなかに蓄積する場合に大いに役立ちます。新しい側面に興味が湧いたり、自分が発見したことを応用したりすることによって、解法の**応用発展**は自然に現れることが多いものです。振り返りの段階で、**振り返る**プロセスは中心的な位置にあると言えます（81ページの図の下半分を参照）。

三つの段階のまとめ

問題を考えるときの段階は、はっきりと認識できるわけではありません。それは機械的な活動ではなく、経験の質にかかわ

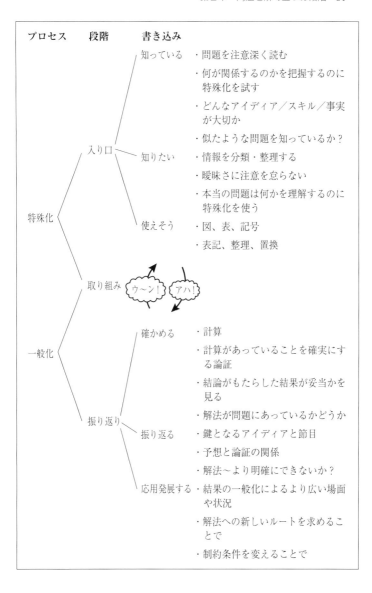

ることなので、とても不鮮明なものです。ある段階にいるときに前の段階に戻ることもありますし、最後のまとめを書く段階に飛ぶこともあります。

　各段階の際立った特徴を見分けられるようになることで、自分がすべきことを理解し、行き詰まったときに何をなすべきかが分かるようになります。提案したことが習慣化されることで、多くの明確な、目的のない白日夢や非生産的な思考を防ぐことができます。

　前ページの図のほぼ中央に示した、この章で増えた**書き込み**の言葉は、上から下に下りるだけではなく、時には前の段階に戻ったりすることもあります。

　例えば、もし自分が問題の深みにはまっており、突然、自分が**知っている**ことと**知りたい**ことを確認する必要があったとしたら、最初のときよりもたくさんの経験を伴って、問題に再度取り組み直すことになります。

　三つの段階で紹介した活動の背景には、特殊化と一般化という二つのプロセスがあります。特殊化によって、あなたは何を**知っている**のか、何を**知りたい**のか、何を賢く**使え**そうかをはっきりさせることができます。

　また、特殊化によって一般化につながるパターンを見いだすことができます。一般化によって、さらに特殊化で**確かめる**ことができる予想を明らかにすることができ、問題をより広い場面や状況に**応用発展**することができます。

　数学的思考のイメージは、いまやプロセス、段階、そして**書き込み**を含むものへと拡大したと言えます。

第 3 章
行き詰まったときの対処法

　誰しも、行き詰まることがあります。避けられませんし、隠す必要もありません。それは称賛に値するし、たくさんのことが学べるとても前向きな状態でもあります。

　行き詰まったときは、そのことを認め、そして受け入れ、さらに、そこから新しく役立つ活動がはじまるかもしれない、鍵となるアイディアや節目を振り返ることが最もよい方法となります。

　取り組みの詳細に入る前に、この章では入り口の段階の活動を練習する二つの問題を扱います。あなたが楽しく行き詰まり、そこから学ぶことを願っています。

行き詰まる

　行き詰まったときの感情にはいくつかのタイプがあります。例として、私は次のような状態を挙げることができます（リストは、ほんの一部にすぎません）。

- 真っ白なページか、問題か、宙をじっと見つめている。
- 計算や他の行動を起こすことを躊躇している。
- 進展しないので、緊張したり、うろたえたりすることさえある。
- すべてうまくいかないので挫折感を味わう。

　私の経験では、自分で気づく前に、しばらくの間は行き詰まりの状態が続いているはずです。最初は、ぼんやりとしてはっきりとしません。そして、その意識ははっきりと行き詰まり、それに気づいた状態になるまでゆっくりと成長します。

　その後、「自分は行き詰まっている」と感じ、気づいたときにようやく行動に移せます。それが、**書き込み**が役立つ理由です。特に、**行き詰まり**やそれに似た状態について書くことが役立ちます。自分の感情を表現するという行為は、自分が行き詰まりの状態にいることから距離をとらせてくれます。動けないほどの状態から自由になり、自分がとれる行動を思い出させてくれるのです。

　行き詰まりの状態に対処する方法は何でしょうか？　**行き詰まり**を認識して受け入れた場合、取り組むことをやめるか、小休止を取るか、そのまま取り組み続けるか、といった選択肢があります。

　行き詰まったとき、諦めることが魅力的に思えますが、それは必ずしも最善の方法ではありません。よいアイディアは、しばしば一番望みがないと思ったときにやって来ることが多いからです。もし、小休止を取るなら、その前に行き詰まっている

と思える理由をできるだけ詳しく書き出すことを忘れないでください。このテーマについては第6章で詳しく扱います。

一方、もし取り組み続けたい場合はどうしたらいいのでしょうか？ 第2章では個人的な指導者（チューター）があなたを助けるときに役立つ質問に焦点を当てましたが、それらが本当に役立つのは、三つの質問があなたの数学的思考の一部になったときです。

そのとき、あなたは、自らのなかに専属のチューターをもったことになります。いずれにしても、最も合理的な活動は、入り口の段階に戻って以下の三つの質問に答えることとなります。

❶私は何を**知っている**のか？
❷私は何が**知りたい**のか？
❸私は何を**使える**のか？

これらの質問が、以下のことに導いてくれます。

- **知っている**ことと**知りたい**ことのすべてを集約してくれる。
- 問題を、具体的で、これまでとは異なる自信をもたせてくれる形で表現してくれる。
- すでに試した特殊化をうまく活用させてくれる。
- 問題の読み直しをさせてくれたり、解釈のやり直しをさせてくれたりする。

問題を注意深く読み直すことは、1回目の読みが不十分だったからではありません。それどころか、いくつかの例で特殊化

を試みたあとのほうがより意味のある経験をもち込むことになり、問題をより意味のある形で読めるからです。

意図的に問題に戻って読み直すことは、自分の思考力に自信をもっており、思考のプロセスに気づいている人の特徴と言えます。もちろん、新鮮に**取り掛かり直す**ことは、やみくもに繰り返し読み直すことではありません。異なる解釈を求めながら、間近にした体験を読むことに関連づけることになります。

まだあなたは問題を解いていないので、**知っている**ことと**知りたい**ことの間にはギャップがあります。**取り掛かり直す**ことで、あなたは何を**知っていて**、**知りたい**ことからあなたがどれだけ離れているかを把握することになります。

自分が**知っている**ことと**知りたい**ことのすべてを自らの言葉でまとめられれば、意識的に**取り掛かり直し**たと言えます。でも、まだ大きな落とし穴があります。その際に求められるのは極端な特殊化です。特殊化を行う目的は、自信をもたせてくれる例を考えることでパターンを見いだすこととなります。

問題は、より大胆な単純化を必要としているのかもしれません。例えば、「**チェスボードの中の正方形**」（第1章）で、私は2×2のチェスボードを、次に3×3のチェスボードを、といった具合に数え上げるという判断をすることができました。さらに私は、1×8のチェスボードを考えることもできました。より大胆になりたいのであれば、1×1、1×2、1×3のチェスボードから数えることもできます。

何が起こっているのか分かるようにするために、このように数える作業を単純化して、パターンを見いだしやすくすること

> **訳者コラム**
>
> ## 「行き詰まり」
>
> 「『多くの人は自分が行き詰まったと認識したときに、助けが必要であることに気づく』というフレーズですが、行き詰まりの深さには個人差があります。初歩的なところで行き詰まる人がいれば、ある程度まで理解したうえで行き詰まるという人もいることでしょう。どちらの状況であっても『助けが必要である』ことに変わりないのですが、前者の場合は、もっと深くまで考えたうえで助けを求めてほしいと思ってしまいます。この文章での『行き詰まり』が、どの程度まで理解したうえでの行き詰まりを表現しているのか気になりました。つまり、『行き詰まりの認識』に『段階』があることが気になっているのです」
>
> 　このコメントは、翻訳協力者の須賀侑先生から寄せられたものです。原著者に伝えたところ、以下の返事をいただきました。
> 「この本自体、あまり考えること（試すこと）をしないで諦めてしまいがちな生徒を主な対象者として書いています。本では、(例えば、85〜86ページのように) たくさんの『する』ことが紹介されています。一方、行き詰まりの深刻度は大きく、本で紹介しているようなアドバイスも役に立たない場合もあるでしょう。しかし、確実に言えることは、自分で認識しない限り、行き詰っているのかいないのかさえ分からないということです」

ができるのです。

　多くの人は、自分が行き詰まったと認識したときに助けが必要であることに気づきますので、行き詰まり状態にあるときに焦点を絞ってこれまで話してきました（**訳者コラム**参照）。

　アイディアが浮かんだなら本格的に動き出して、アドバイス

は必要とされなくなります。自分がしたいと思ったことや、機能すると思ったことなどを、ぼんやりとしたものであったとしても書き取る習慣を身につけることが大きな助けになります。

・順調に取り組んでいるときでも、少しゆっくりさせてくれる。
・アイディアを十分に、そして系統立って評価させてくれる。
・あとで、自分が何をしていると思っていたかを解読させてくれる。

これらを可能にするために**書き込み**をすすめているのです。問題を解くことに直接関係がないメモを書き出すことに抵抗があることは知っていますが、それでも私たちは、アイディアが爽快に流れ出るときでも少しスピードを緩めたほうがいいと思うのです。答えを求めて大急ぎすることこそが行き詰まりを招く最大の原因であることを、経験が明らかにしてくれています。

早くガツガツ食べてしまうのではなく、食通が食事を味わいながら楽しむように、問題の解法を味わいながら楽しむことをできるだけ学んでください。あなたの気分をよくしてくれるアイディアを見つけたときは「**アハ！**」と書いてください。そして、そのアイディアを書き出してください。少なくとも「**アハ！**」と書くことで、アイディアをもったことのうれしさと満足感が得られるはずです。

次の問題は、数分では終わらないと思います。時間を掛けて行き詰まること、そして、そこから抜け出すという両方の体験をすることに十分な価値があります。

問題・糸が巻かれた釘

円周上に何本かの釘が打たれています。一つの釘に糸が結ばれ、2番目の釘にしっかりと巻きつけられました。そして、図が示しているように、時計回りの一つ目と二つ目の間隔が、二つ目と三つ目の間隔と同じになるように、三つ目の釘にしっかりと巻きつけられました。

3本の釘、釘と釘の間隔は1　　5本の釘、釘と釘の間隔は2　　6本の釘、釘と釘の間隔は3

同じ「釘と釘の間隔」が維持される形で一番目の釘に戻りました。もし、使われていない釘があったときは、糸を巻きつける作業は続けられます。

5本の釘の場合、「釘と釘の間隔」を2にすることで1本の糸で巻き切ることができましたが、6本の場合、「釘と釘の間隔」を3にしたら糸は3本必要でした。一般的に、何本の糸が必要ですか？

「さあ、試してください！」

◉ ウーン？（入り口）
　・まず、特殊化してみる。
　・特殊化してみた結果を整理してみる。
　・あなたが何を**知りたい**かを簡潔に表現するために、何が**使える**か？

ウーン？（取り組み）
　・「最初の釘から届く釘はどれか？」という補助的な質問をしてみる。
　・どんな突飛なものでも予想をしてみる。
　・それがなぜ正しいか／間違いかを見るために、予想を確かめてみる。
　・すべてのケースに当てはまる簡潔な表現を見つけるまで、いくつかの予想を考えたり、変更したりしても構わない。

ウーン？（振り返り）
　・完全に行き詰まったとしても、本書に書いてある解法を読む前に自分のしたことを振り返ってください。

　他の人の解法は、自分のものと比べるとつまらないものです。ですから、（第1章と第2章で紹介したアドバイスをすべて使って）自分の解法が得られるか、行き詰まるまで、私の解法を読まないことをおすすめします。

○解法

いくつかの例を図で試したあとに私は問題に戻りました。つまり、釘の数と釘と釘の間隔が分かっているとき、必要な糸の本数をどのように表現できるのか、です。系統立ててやる必要があります。釘の数と釘と釘の間隔を同時に扱うことができるでしょうか（整理）？

アハ！ 表を使えばいいんだ！ どういう項目が考えられるでしょうか？ そうです、釘の数と釘と釘の間隔とで表される糸の数です。円周の図で試した例を表にすると、次のようになりました。

釘と釘の間隔 釘の数	1	2	3	4	5	6	7	8	9
3	1	1	3						
4	1	2	1	4					
5	1	1	1	1	5				
6									
7									
8									

表を完成させるのに、私はすっかり夢中になりました。夢中になりすぎて、何が問題なのかを忘れてしまったぐらいです。読み直してみましょう。特定の釘の数と釘と釘の間隔に対して、何本の糸が必要かを予想することが求められていました。釘と間隔に名前をつける必要がありますが、当面の間は「P」や「G」といった記号ではなく、「釘」や「間隔」という言葉を使うことにします。

- **知っていること**：釘と間隔
- **知りたいこと**：釘と間隔に対しての糸（Tではなく糸と表記）の本数の計算法

　まだパターンは見いだせていませんから、表づくりを続けなければなりません。でも、なぜ横の列はドンドン長くなっていくのでしょうか？　3本の釘に対して、間隔が4というのも不可能でないことに気づきました。2本の釘の場合はどうでしょうか？　さらに1本の釘の場合は？

「さあ、表をもっと埋めてみてください！」

　なぜ私は、こんなにもたくさんの列を試しているのでしょうか？　何かのパターンを見いだしたいから、そして何が起こっているのか知りたいからです。表を埋めながら気づいたことは次のことです。

　　　間隔＝1のとき、　　　　糸の本数＝1
　　　間隔＝釘のとき、　　　　糸の本数＝釘
　　　間隔＝釘／2のとき、　　糸の本数＝間隔

　上の表により多くのケースを埋め合わすことによって、私は二つの予想を考え出しました。

予想1・間隔と（釘 − 間隔）は、同じ糸の本数をもたらす。
予想2・間隔が釘の約数のときは、糸の本数＝間隔である。

間隔が釘の約数ではないときは「予想2」は機能しますか？答は「いいえ！」です。

  釘＝4、間隔＝6のときは、6本ではなく2本の糸が必要
  釘＝6、間隔＝4のときは、4本ではなく2本の糸が必要

私は行き詰まりました！　二つのケースの図を確認すると、糸の本数は両方とも2本で、釘も間隔も2で割り切れます。次のような、より複雑なケースを試す必要があります。

  釘＝9、　間隔＝6
  釘＝12、　間隔＝8
  釘＝15、　間隔＝12

「さあ、もっと試してください」

より多くのケースを書き込んだ表から、糸の本数は常に釘の数と間隔の両方を割り切ることが理解できるようになりました。**アハ！**　すべてのケースで、糸の本数が釘と間隔の最大公約数になっています。これは常に正しいのでしょうか、知りたくなりました。

予想3・糸の本数は、釘と間隔の最大公約数である。

  釘＝6、間隔＝8
  釘＝8、間隔＝6

上のケースを**確かめてみる**と、私の予想は正しいようです。

これが正しいことを私は確信していますが、でも、**なぜ**正しいのでしょうか？　また、常に正しいでしょうか？　予想が常に正しいという確信がもてるだけの論証を私は**知りたい**のです。釘と間隔を**知っていた**と仮定します。依然として、私は**行き詰まり**状態です。

1本の糸で結ばれた釘をしばらく見、そして糸がなぜ釘と間隔の両方を割り切るのかを考えたことで、私は再び行き詰まり状態に陥っていることに気づきました。自分が**知っていること**を振り返ると、2で釘と間隔を割るとき、私は半分の釘にしか糸を回せていないことに気づきました。3で釘と間隔の両方を割るときを**確かめる**と、1本の糸で1/3の釘しか回すことができません。

アハ！　大胆になって、釘と間隔の最大公約数を文字に置き換えさせてください。「S」でどうでしょうか？

さて、糸を結びはじめると、私はSについて何を知っているでしょうか？　私が釘と釘の間隔を飛ぶたびに、Sには何が起こるのでしょうか？　私は、Sが間隔を割ることを知っています。

アハ！　私は間隔を飛ぶたびに、私はSの倍数で飛び回っていることを意味します。Sは釘も割るので、1本の糸では釘／Sの本数の釘を結びつけることができます。間違いありません！　予想したとおり、S本の糸を使わなければならないことを意味しているのです。

例えば、10本の釘で間隔4としたときに1本目の釘に糸を結ぶと、①、2、3、4、⑤、6、7、8、⑨、10、1 (11)、2

(12)、③(13)、4(14)、5(15)、6(16)、⑦(17)、8(18)、9(19)、10(20)、①(21)、2(22)、3(23)、4(24)、⑤(25)……と結ばれていき、結ばれた釘は１、３、５、７、９のみとなります（カッコ内の数字は、１本目の釘から時計回りに数えていった本数）。このように、１本の糸で10/2、つまり５本の釘を結びつけることができました[1]。

○振り返り

　最大公約数は、私が特殊化をした結果として自然に現れました。でも、私は何も考えずに特殊化をしていたわけではありません。事例をいろいろ試しながら、単に数だけでなく、釘を糸で結びつけることに関するパターンを見つけ出そうと、ひらめきを求めていたのです。それがＳを鍵とするアイディアでした。

　私にとっての鍵となる節目は、釘の本数と釘と釘との間隔の数を表すのに「釘」と「間隔」という言葉を使うと決めたときです。「Ｐ」や「Ｇ」という記号を使うこともできましたし、もしたくさんの計算をするのであれば、そのほうが便利だったかもしれません。しかし、言葉を使うことによって、私はＰやＧの意味を思い出さなくても済んだのです。

　振り返ることで、他の論証の方法を思いつきました。釘を時計の時間を表す文字盤のように、円の周りに均一に配置されたものと捉えて、釘の一つを時計の針であるとイメージするのです。糸を回す行為は、時計の針を回すこととして表せます。そ

---

[1] この箇所の訳出に関しては、須賀侑先生からアドバイスをいただきました。

して、一つ一つの間は、360度の間の数／釘の数を意味します。

1本の糸でできるだけたくさんの釘を回れるのは、間隔の数と釘の数の最小公倍数（常に自然数）を見つけることを意味します。釘の数は自然数で、最小公倍数を釘の数で割った数も自然数なので、最大公約数がすべての釘をカバーする糸の本数となります[2]。

●応用発展

この問題をいろいろな形で応用発展させることができますが、そのほとんどは難しい質問となります。例えば、下記のような問題です。

・1本の糸は何回ぐらい交差するか？
・「間隔」を同じ間隔ではなく、一つ、二つ、一つ、二つといった間隔にしたらどうなるか？
・サイコロを振って「間隔」を決めるとどうなるか？　そして、1本の糸ですべての釘が巻ける確率を考えてみる。

たとえあなたが満足のいく解法が得られなかったとしても、**「糸が巻かれた釘」**という問題は、行き詰まる体験と、それを乗り越えるといった体験を提供することができたと思います。

行き詰まったときにあなたができることがあります。その状況で自信を得る方法は、動きが取れなくなったときに、本章で紹介した具体的な方法を使って再び前に進むことです。そうすることで、どれだけ効果的だったかを知ることができますし、将来より難しい問題に取り組む自信を与えてくれます。

講義に遅れてきた学生が、黒板に書いてあった問題を宿題だと思ったというストーリーを紹介しましょう。

約1週間後、教授に会った学生は、「宿題が難しかった」と苦情を言いました。彼は、二つの問題しか解くことができなかったのです。

その後、教授は問題が有名な未解決の問題であったことを伝えました。問題が難しいことを**知らなかった**がゆえに、学生は偏見をもたずに取り組むことができたのです。

彼は、自信の欠如という感覚によって興味を削がれることがなかったのです。重要な点は、あなたの姿勢が問題解決の可能性に容易に影響を与えるということです。

練習するのにちょうどいい、もう一つの問題があります。前章までの問題と比べると少し難しいと感じるでしょうが、ここまでに学んだことを使うことで十分に解けるはずです。

問題・カエル跳び

図に示されたように、白と黒全部で10個のペグが11個の穴に並んでいます。白と黒を入れ替えるのが目的です。ただしペグは、隣の穴か一つのペグを跳び越した先の穴にしか移動できません。さて、これら各五つのペグを入れ替えることはできるでしょうか？

「さあ、試してみてください！」

○ **ウーン？（入り口）**
・コインかペグで試したことはあるか？
・二つずつに減らして特殊化を試みたか？

ウーン？（取り組み）
・どんな動きが進展を阻むか？　それを避けることはできるか？

ウーン？（振り返り）
・やり方を見つけたら、ペグの入れ替えを可能にする簡潔な方法を書き出してみる。言葉で言うほど容易なことではないが、十分に価値はある。
・応用発展を考えてみる！

あなたは、提示されている問題に満足していませんね。ぜひ修正して、新しい問題を提示してください。例えば、ペグの本数を変えてみたりするのです。より面白いのは、他の方法で入れ替えをすることは可能か、あるいは一番少ない動きは、というように変えることです。これが、この問題の最も面白いところです。

一番少ない動きで入れ替えられるのはいくつですか？
「さあ試してみてください！」

○ **解法**
入れ替えられるように動かしはじめます。ルールを理解して

いるつもりですが、それが可能なのかを知るために、実際に試して確認する必要があります。

ペグが後戻りしないということは決めました。1回目に試したことは失敗し、私は行き詰まりました。たぶん、これはできないのかもしれません。跳び越えられるスペースがなくなってしまうので、一つの色を一塊にしておくという戦略は機能しないかもしれません。

この場合の特殊化とは、どういう意味をもっているでしょうか？ 少ないペグで試してみるとどうなるでしょうか？ それぞれが1個ずつなら簡単です。自分自身の指示に従ってペグを動かし、その動きを体系的に（記号を使って整理しながら）書き出しました。Bは黒、Wは白のペグで、空白欄はペグがないことを意味します。

	スタート	B		W
動き	Bを右へ		B	W
跳び越え	Wを左へ	W	B	
動き	Bを右へ	W		B

2個ずつのペグが両側にある場合は、いま使った方法だと隣

---

(2) 具体的な例で示すと、もし釘の数が15本で、間隔を6に設定した場合は、時計の針は6／15×360ずつ回転します（最大公約数は3で、一針は1周の2／5ずつ回転します）。1本の糸がスタートした釘から元の釘に戻るには5本の釘（2回転）をカバーします。2本目の糸と3本目の糸も同じように5本ずつの釘をカバーするので、合計で3本の糸＝最大公約数ですべての釘がカバーされます。

り合わせに同じ色のペグが並んでしまい、行き詰まってしまいます（以下を参照）。

	スタート	B B　　W W
動き	Bを右へ	B　　B W W
跳び越え	Wを左へ	B W B　　W
動き	Bを右へ	B W　　B W
跳び越え	Wを左へ	B W W B　　おっと！

　アハ！　色の異なるペグが常に隣になるように配置するに違いありません（予想）。何回か試したあとでこの原則に気づき、それに従うことで2個のペグを移動させることに成功しました。

1	B B　　W W	6	W B W B
2	B　　B W W	7	W　　B W B
3	B W B　　W	8	W W B　　B
4	B W B W	9	W W　　B B
5	B W　　W B		

　直ちに、より多くのペグで試してみます。そして、同じ原則が機能するかどうか見てみます。自分の方法にまだ自信はありませんが、見事に入れ替えはできました。注意深く書き出して**確かめてみます**。
「さあ、さっそく確かめてください！」

いくつかの例で、ペグの動きを書き出して確かめてみました。すると私は、どのペグを最初に動かすかを決めることが、その後にペグをどのように動かし続けるかを大きく左右していることに気づきました。

じつは、最後に述べたことが正しいものとするために、私はやり方を変更する必要がありました。最初のうちは、知らず知らずのうちに元の位置に戻ってしまったことが何度かあったので、前に戻って動きを変えていたのです。

実際に十分なパターンをこなしたので、私にはなぜそうなるのかが分かりました。だからいまは、最少の回数で移動を完成できるか、と問うことができるのです。

表を**使う**必要がありました。しかし、いくつの動きで完成できたかについて記録していなかったので、私は前に戻って数え直さなければなりませんでした。

それぞれのサイドのペグの数	最少の動きの数
1	3
2	8
3	15
4	24
5	35

したがって、それぞれのサイドに5個ずつのペグがある問題の答えは「35回」となりますが、ペグの数がどんなときでもその答えを知りたいと思います。動く回数のパターンを見ていたら、動きの数は常に2乗よりも1少ないという予想が導かれました。なんの2乗でしょうか？

答は「ペグの数＋1」の2乗なのですが、それはなぜでしょうか？（**訳者コラム**参照）　したがって、6個のペグのときは「7×7－1」個が最少の動きの数となります。**確かめてください！**　もちろん、一般化することができます。ただし、ここでの「ペグの数」は、それぞれのサイドのペグの数を表します。

$$動きの数 \;=\; (ペグの数+1)^2-1$$

私は、「なぜ」という質問がとても気になりました。自分が見いだしたパターンの説明をしたいのですが、このことについて、どうすればもっと知ることができるのでしょうか？

動きに注意しながら特殊化をしなければなりません。「隣に移す」と「ジャンプ」という二つの異なる動きがあることに気づきました。それぞれのパターンを見いだそうと考えましたが、それは元に戻って、「隣に移す」と「ジャンプ」を別々に数えることを意味しました。

それぞれのサイドのペグの数	隣に移す数	ジャンプの数
1	2	1
2	4	4
3	6	9
4	8	16
5	10	25

アハ！　見てください。「ジャンプ」の数は各サイドのペグの数の2乗となっており、「隣に移す」数はペグの合計数です。でも、なぜでしょうか？　私は規則と数の間の関係を知りたい

> **訳者コラム**　　　　　　　「なぜ？」
>
> 　翻訳協力者の須賀侑先生から以下のコメントもらいました。
> 「自然に発せられている疑問でありますが、子どもたちの多くは、その疑問に到達できないと感じました。『動きの数』は『ペグの数に1を足し、その2乗から1を引いた値』という方程式を丸暗記し、『そういうものだから』という認識で終わってしまいそうです。かつて、三角形の面積公式の理由を中学1年生の女子に聞いたところ、多くの生徒が『そういうものだから』とか『そう習ったから』と答えるだけで、生徒たちの思考はそこで停止していました。『なぜ？』と思うことに慣れていないのだと感じています。
> 　原著者は、このペグの問題を、考え方のプロセスを紹介する一例としています。他の問題でも、このようなプロセスで取り組んだとき、どのようにして深く『なぜ』の気持ちをもつことができるのかが気になります」
> 「まさしく！」と同意します。このような状況は、授業で取り組んでいる算数・数学が「正解あてっこゲーム」になってしまっているからだと思います。本当に求められているのは、数学的思考を練習することなのに……。何が大切で、そのための手段は何かを見極めないと、何のために授業をしているのか分かりません。

ので、このパターン（とても説得力はありますが、まだ予想です！）には完全に満足していません。

　隣に移す数とジャンプの数の合計が、ペグが動いた回数の合計であることは分かります。この数を、私は見つけ出すことができるかもしれません。

「Ｂ　Ｗ」のとき、それぞれのペグは２マス分動かなければならないので、合計は４マスの移動となります。

「ＢＢ　ＷＷ」のとき、それぞれのペグは３マス分動かなければならないので、合計で12マスの移動です。

余談ですが、ペグが動かなければならない合計の数を表すのに、私は表記法として「移動」を使うことにしました。

「ＢＢＢ　ＷＷＷ」のとき、それぞれのペグは４マス分動かなければならないので、合計で24マスの移動となります。

パターンがはっきりしてきました。もし、それぞれのサイドにＰ個のペグがあった場合、個々のペグは（Ｐ＋１）マス分移動しなければなりません。したがって、「２×Ｐ×（Ｐ＋１）」といったマス分の移動があることになります。

これで付随的な問題は解決し、確かめることもできましたが、当初の問題とはどんな関係があるのでしょうか？

アハ！ 何回のジャンプをしなければなりませんでしたか？ すべてのペグは、反対の色のペグを飛び越えなければなりません。それが起こるたびにジャンプが必要となります。したがって、一つ一つの白のペグは、すべての黒のペグを飛び越えるか、飛び越えられる必要があります。

すべての白のペグはＰ回のジャンプをします。つまり、一つ一つの白のペグは、白黒合わせてＰ回のジャンプにかかわります。白のペグはＰ個あるので、全部でＰ×Ｐ回のジャンプが起こることになります。これが、最後の表で私が気づいたことです。素晴らしい！

いま私は、何を知っているのでしょうか？

第3章 行き詰まったときの対処法　105

$$\text{移動の合計} = 2 \times P \times (P+1)$$
$$\text{ジャンプの合計} = P \times P$$

どういうことでしょうか？　1回のジャンプは二つの移動を表しています。**アハ！**

$$\text{移動の合計} = \text{隣に移す数} + 2 \times \text{ジャンプの合計}$$
$$\text{隣に移す数} = \text{移動の合計} - 2 \times \text{ジャンプの合計}$$
$$= 2 \times P \times (P+1) - 2 \times P \times P$$
$$= 2 \times P$$

となりますので、移動の合計が分かります。それは次のとおりだからです。

$$\text{移動の合計} = \text{ジャンプ合計} + \text{隣に移す数}$$
$$= P \times P + 2 \times P$$
$$= P \times (P+2)$$

○振り返り

鍵となるアイディアは、最初に得られたパターンに満足せず、**なぜ**予想が正しいのかと問いかけ、**知りかった**ことを分解したこと（「隣に移す」と「ジャンプ」）でした。鍵となった節目は、「移動」などの表記法に注意したり、はっきりさせずに**使って**しまったりしたことに気づいたときでした。今後は注意したいと思っています。

解法を振り返ると、移動の数の予想を当初は次のように設定していました。

$(P+1)^2 - 1$

あとで、以下のように変更しています。

$P \times (P+2)$

でも、以下のようになるので、結局は同じことでした[3]。とはいえ、詳細な振り返りに時間を取らないと、そのような細部には気づけないことがあります。

$$(P+1)^2 - 1 = (P+1) \times (P+1) - 1$$
$$= P \times P + 2 \times P$$

振り返ったことで、この計算が最少の移動数を与えてくれるのかを明らかにしていないことに気づきました。さらに、私の方法と最少の移動数との関係についても考えていませんでした。移動の合計は決まっているので（ペグは後戻りができないので）、ジャンプの数が最大のときに移動の合計は最少となります。ジャンプの数を増やす唯一の方法は、同じ色のペグを飛び越えるようにすることです。でも、それでは入れ替えが失敗してしまいます。なぜそうなのかと尋ねたとき、私は「取り組み」の段階に戻っていました。

まとめ

そこから学べることがありますので、行き詰まりは健康な状

態と言えます。完全に行き詰まらせるより難しい問題にあなたが取り組むとき、このことは大いに役立つでしょう。

行き詰まりを認識し、受け入れることは、口で言うほど容易なことではありません。あなたはしばしば行き詰まり状態になるでしょうが、それに気づけず、結果的に何もしないことが往々にしてあるものです。

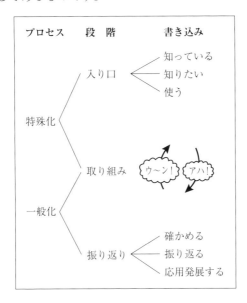

---

(3) 翻訳協力者からのコメントを紹介しておきます。
「違う解法でも『結局は同じ』ということが大切に感じられました。一つのパターンに限られるのではなく、複数のパターンが存在すると思うと、このペグの問題もさらなる考え方が生まれるかもしれません。『別解の多さ』と『別解を考えること』に数学の楽しさがあるのだと実感しました。そして、『別の解法』によっては、問題の本質的な価値の理解度が左右されることを再確認することができました」

でも、**行き詰まり**であることに気づけた時点でパニックを起こさないでください。リラックスして、それを受け入れて、そして楽しんでください。なぜなら、それが最高の学びの機会だからです。

　第2章の入り口のアドバイスとして述べた特殊化が、あなたの一番の味方です。新しいアイディアが浮かんで、行き詰まり状態から解放されたら、そのアイディアが何なのかを手短に書き出してください。

　もし、あなたが試そうとしていることがいい気分にさせてくれるなら「アハ！」と書いてください。それだけでも、さらにいい気分になるものです。

問題に取り組む——予想する

　本章は、ここからはじまる3章連続の取り組み段階を明らかにする第一ステップです。中心となるのは「予想する」で、ここでは何が正しいかを予想することに焦点を絞ります。

　そして、第5章は自分の予想を証明することによって自分と他の人たちを納得させることを扱い、第6章ではすべてが失敗したときにどうしたらいいかを扱います。

予想するとは何か？

　数学者に「予想とは何か」と尋ねると、それに対する答えは次のようなものになるかもしれません。

問題・ゴールドバッハの予想

　すべての2よりも大きな偶数は、二つの素数の和として表すことができます。(1は素数ではありませんし、また2は含まれません。)

　ゴールドバッハ (Christian Goldbach, 1690〜1764) の予想を

支持するたくさんの証拠が集まっています。例えば、厖大な数の偶数がテストされ、それらすべてが二つの素数の和であることが見つかっています。しかしながら、いまだかつて誰一人としてすべての偶数がこの特徴をもっていることを証明していません。したがって、予想は正しくないかもしれないのです。

予想は妥当と思える表明のことですが、その真実が証明された段階ではありません。言い換えると、まだ納得する形で証明されておらず、どのような事例によっても矛盾していることが認められておらず、そしてそれが間違っているという結論もまだ見いだされていないということです。

ゴールドバッハの予想は、たくさんある数学の傑出した予想のなかで最も有名なものの一つです。他のものとは違って、それは分かりやすく提示されますが、いざそれを証明しようとすると、多くの付随的な結果や方法に遭遇することになります。

すべての予想がそれほどの重要性をもっているわけではあり

ませんし、実際のところ、ほとんどが間違いで、ほぼ生まれてすぐに修正されています。にもかかわらず予想することは、たとえそれが小さなものであっても数学的思考の核の部分に位置づけられています。それは、何かが真実であると感じたり、推測したり、そしてその真実性を調べたりするプロセスのことです。

第1章に掲載した「**パッチワーク**」の

問題における解法では、最初は4色、次は3色、最後は2色で十分であるという、最初は「反対側の規則」、次に「隣接の規則」が妥当な色塗りを提供してくれるという予想が含まれていました。このような予想が数学的思考の根幹をなしています。

いくつかの予想は真実であると考えられます。予想はしばしば、頭の片隅で、暗闇のなかで待ち伏せされているようなぼんやりとした感覚からはじまります[(1)]。それは徐々に表に引きずり出されて、取り調べの強力な光に当てることができるように、できるだけ分かりやすい言葉にするという努力が払われます。

もし、それが間違いだと判断されたら、修正されるか見捨てられるかします。もし、説得力をもって証明されたら、最終的には解法を形成する、他の予想や証明と同じ位置を占めることになります。予想することは、下図のようにサイクルとして描くことができます。

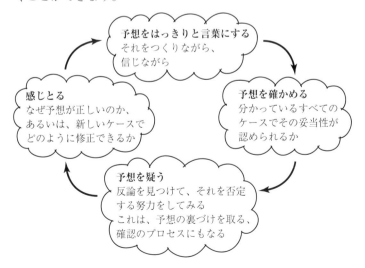

いつものとおり、この過程を理解する一番いい方法はそれを体験することです！

問題・ペンキがかかった自転車のタイヤ

私は、自転車に乗っていたとき、約6インチ（約14cm）幅のペンキの線を踏んでしまったことがあります。しばらく直線距離を走ったあと、ペンキを踏んだタイヤがどのような跡を道路に残したかと、振り向いて見ました。私はいったい何を見たでしょうか？

「さあ、考えてみてください！」

●ウーン！
　・前輪が道路に印を残す。後輪はどうか？

興味を惹きそうな可能性が二つありそうです。一つ目の予想は、ペンキを踏んだタイヤの跡が一回転するごとに現れるというものです。二つ目の予想は、ペンキの跡が二つの数列／系列という意味のシリーズとして（一つは前輪、もう一つは後輪から）現れるというものです。二つ目の予想は、車輪の間隔に左右されると思われます。

「これら二つの予想の正当性についてコメント（書き込み）してください！」

　予想を書き出したことが、考える助けになっていることに気づきましたか？　数学的思考の半分ぐらいは、問題を理解して、何が正しいかという感覚を得、そしてそれを予想として明確に表現することです。

　この問題の場合は、可能性について考えることを意味します。それらを簡潔に述べられたなら、それぞれの予想をすべて知っている事実に照らし合わせながら確かめて、どれがよりもっともらしいかと考えればいいだけです。

　あなたは、二つのタイヤは異なる跡を残したと判断しましたか？　もしそうなら、例えば2人の人が一輪車に乗って2〜3分間隔で通ったと仮定したらどうなるでしょうか？　条件を変えることで、何が大切かを気づくことになります。この場合、車輪の半径が同じである限り、ペンキの跡は同じところにつくはずです。

●応用発展

- もし、タイヤの圧力が前後で違い、私の体重も前輪後輪に異なる形でかかっていたらどうなるでしょうか？
- もし、真っ直ぐ進まなかったらどうでしょうか？

---

(1) この感覚についてさらに詳しくは、『算数・数学はアートだ！』の21〜26ページをご覧ください。

自由回答形式の「ペンキがかかった自転車のタイヤ」のような問題から得られる主要なポイントは、予想が焦点を絞るのに有効だということです。はっきりとしない考えを言葉に表すことで、多角的に考察し得る具体的な対象を提供してくれることになります。ただし、一度表現されたなら、自分の予想を信じないことが大切です。そのことについては次章でさらに詳しく扱います。いまは、予想がどのように生まれるのかに焦点を当てることが大切です。

問題・重い椅子

重い椅子を動かさなければならないことになりました。重いので、角を基点に90度移動することしかできません。前にあったところの隣に、同じ向きに移動することはできるでしょうか？

「さあ、すぐに試してみてください！」

●ウーン？（入り口）

- 厚紙か他の何かを使って特殊化を試みたか？
- パターンを明らかにできるように、可能な動きを記録する方法を見つけたか？

ウーン？（取り組み）

- 移動できると思うか？　予想を立ててみてください！
- より一般的な質問はしたか？　どんなポジションなら到達可能か？

- 椅子の向いている方向を矢印で表しみる。そして、それぞれの移動のたびに矢印を記録する。
- 座標を使うのは役立つか？
- 椅子の特定の角は、どこまで到達することができるか？（特殊化）

「さあ、すぐに試してみてください！」

　ほんの数分間の実験をするだけで、絶望の感情が湧いてくることでしょう。
「これは不可能だと思います」とはっきりと言ったときに予想をしたことになります。先に絶望を感じたとき（「これは不可能です」という主張に伴う感覚）と、「でも、ひょっとしたら」という新鮮な希望との違いに気づいてください。いまは、取り組む何かがあります。予想は、以下のような質問を自然に生み出すことになります。

- なぜ**できない**のか？
- でも、何なら**可能**か？

　何なら可能かを問いはじめることは、予測するうえにおいて大切な側面となります。元の問題を広げたり、一般化したり、変更したりすることで、より大きなパターンが浮かび上がるかもしれないからです。この問題の場合は、椅子の向いている方向や椅子の角を追いかけることが、すでに扱っているチェスボードのパターンにつながりました。どのように予想を証明するかという、この問題の詳細は次章で扱います。

予想する──解法の柱

前節の問題やこれまでの章で扱った問題に取り組んだことが、すでに多くの予想するという体験を提供していました。本節は、一つの問題を解く際に、予想の果たす役割についてのケース・スタディーとなります。たくさんの異なる方法の影響を特に受けやすいので、これはとても面白い問題です。

実際にあなたが真剣に取り組んだあとまで、私のコメントは読まないでください。そして、あなたがより早く解く方法を見つけても驚かないでください。

第1章の「**回文数**」の問題と同じで、文字式を効果的に使ったり、教科書通りの考え方で効率的に解法を得られたりしますが、特殊化によって得られるような視点には気づけなくなります。

次のケース・スタディーを提示する理由は、予想することが数学的思考のプロセスでどのように使われているかを示すためです。

> **問題・連続する自然数の和**
> 自然数のなかには、連続する正の整数の和の形で表すことができるものがあります。どのような数がこの性質をもっているでしょうか？ 例えば、$9 = 2 + 3 + 4$、$11 = 5 + 6$、$18 = 3 + 4 + 5 + 6$といった具合です。

「さあ、すぐに試してみてください！」

◐ ウーン？

- たくさんの例を試してみる。
- 何らかの形で範囲を広げてみるなど問題を変更してみる。
- 特殊化は体系的に、しかも異なるいくつかの方法で試してみる。
- パターン（規則性）を見つける。

◐ 解法（入り口）

特殊化からはじめます。二つの方法が頭に浮かびました。個々の数を取り上げて、それを連続する自然数の和（合計）として表す方法と、二つ、三つ、そして四つの連続する自然数の和を体系的に書き出していく方法です。さしあたって、最初の方法で行ってみます。

解法（取り組み）

$1 = 0 + 1$　　0は使えるでしょうか？　ダメです。数は自然数の必要があります。

$2 = ?$　　　できません。

$3 = 1 + 2$

$4 = ?$　　　できません。

［**予想1**］偶数は連続する自然数の合計では表せない。

特殊化を続けます。

$5 = 2 + 3$

$6 = 1 + 2 + 3$

［予想１］は反証されました。さらに、特殊化を続けます。
　　$7 = 3 + 4$
　　$8 = ?$　　　　できません。
［**予想２**］　２の１乗、2^2、2^3……など、２の累乗数は連続する
　　　　　自然数の合計では表せない。

　１を忘れていましたが、$1 = 2^0$ なので、これも含めて結果的にうまく対処できていました。［予想２］の証拠は十分ではありませんが、$16 = 2^4$ も連続する自然数の合計では表せないことを確認しました。少なくとも「16」までは確認しました。

　これらのデータを集める過程で、二つの自然数、三つの自然数、四つの自然数の合計など、他のいろいろなパターンが浮かび上がってきています。

　この時点でこれらのパターンについてはまだじっくりと確かめていませんが、それらは「**アハ！**」ないし「予想」として書き出されるべきです。それらのなかには、解法のプロセスが進むなかで役立つ、大切な観察が含まれているかもしれません。
「**もし、まだしていないなら、いましてみてください！**」

●振り返り
　一息ついて、すでに予想のプロセスがかなり進行していることに気づいてください。すでに精通しているはずの特殊化と一般化をすることで、予想することが自然に行われていました。特殊化は、何が起こっているのかという感覚を与えてくれます。内在するパターン（一般化）に気づいて、明確にすることで検

証され、疑われ、修正が加えられると予想になります。この問題の場合は、さらなる特殊化が［予想２］を支持しています。

　これまでの予想するプロセスは次ページの図のようになります。［予想２］は［予想１］が１周回った結果ですし、さらなる事例がそれを裏づけてくれます。なぜそれが正しいのか、あるいは正しくないのかというように、より一般的な条件を考える前に一般化が指し示している特徴を表現することでそれは大いに改善されることに気づいてください。

［**予想３の(1)**］　２の累乗は、連続する自然数の和の形で表すことはできない。
［**予想３の(2)**］　その他の数は連続する自然数の合計になる。

［予想２］がすべての数に対して成り立つかどうかを見るには、私たちは二つの補完的な質問に答える必要があります。
❶２の累乗以外の数は、どうしたら連続する自然数の合計として表せるのか？
❷２の累乗は、なぜ連続する自然数の合計として表せないのか？

　これら二つの質問は、２の累乗とその他の数を分けるものは何か、という基本的な課題につながります。この際立った特徴は、連続する自然数の合計の特徴とどのような関係があるのでしょうか？
　私はその定義によって、２の累乗数は２以外の素因数をもた

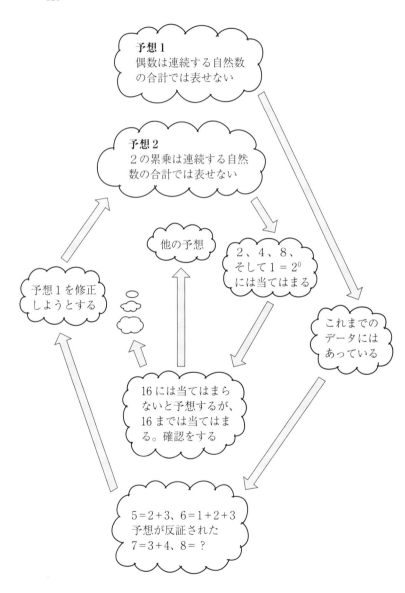

ないことを知っています。1以外の因数はすべて偶数になります。

例えば、16の因数は、16、8、4、2、そして1で、1以外はすべて偶数となりますが、22の因数は、22、11、2、そして1となり、1以外の奇数が存在します。

これらがこの問題の解法に意味があるのかどうか私には分かりませんが、コメントとして記録しておくことには価値があると思いました。これは、私が自分の最終的な解法にどれだけ懐疑的になりたいかということに左右されますが、実際のところ、予想と事実の間の位置づけとなります。

[**予想4**] 2の累乗以外のすべての数は、1以外の奇数の因数を有する。

それを証明するための時間を割きたくなかったので、いま私は予想として書きました。私は正しいと思っていますが、はっきりと書き出しておくことで振り返りのときに確かめることができます。それは、あとで検証が可能であり、いま調べていることの本筋から逸れずに進んでいくことの大切さを、私の数学的な経験が補強してくれています。さらに、書き出しておくことで、より冷静に、思考の流れに捕らわれていないときに再度確かめることもできます。

奇数の因数の存在が、いろいろな自然数を私にどのように連続する正の整数の合計として表すことを助けてくれるでしょうか？ 例えば、3や5の倍数など、奇数の因数をもった数をいくつか調べてみること（特殊化）によってです。

```
 3 = 1 + 2
 6 = 1 + 2 + 3
 9 =     2 + 3 + 4
12 =         3 + 4 + 5
15 =             4 + 5 + 6
 5 =     2 + 3
10 = 1 + 2 + 3 + 4
15 = 1 + 2 + 3 + 4 + 5
20 =     2 + 3 + 4 + 5 + 6
25 =         3 + 4 + 5 + 6 + 7
```

　はっきりしたパターン（したがって予想）が見えてきました。3と5の倍数は、それぞれ三つか五つの連続する自然数を合計することで得られるのです。何が起きているのかを明確にさせてくれますし、具体的に何を試せばいいのかを提供してくれるので、このような状況で意図的に予想の形で表すことは極めて価値のあることとなります。

　しかしながら、探究する過程で生まれた予想は、過度にフォーマルにする必要はありません。大切なのは、そこで起こっているパターンをつかむことだからです。最初の試みは次のような感じで表すことができます。

　［**予想5**］奇数の因数をもつ数は、連続する自然数の和の形で表せる。たいていは、奇数の因数は連続する自然数の個数に等しい[(2)]。

[予想5]が意味の通るような文言になるまでに、5回の書き直しが必要でした。とはいえ、それでいいかどうかは定かではありませんし、最初の段階で批判にさらされたくなかったので、「たいていは」という文言を意図的に入れたのです。

　[予想5]で何かをしたいなら、奇数の因数を操作してみなければなりません。文字を使うことがベストな方法だと思いますので、Kを自然数として、奇数を「2K＋1」と表すことにします。

[**予想5 A**] 2K＋1を因数にもつ数Nは、たいてい2K＋1個の連続する自然数の和の形で表せる。

　これは、これまで集めたすべてのデータに合います。ここでは、新しい例を使って系統的に確かめながら、何が起きているのかを見てみることが賢明だと思いました。

3の倍数の場合

$$3 \times 2 = 1 + 2 + 3$$
$$3 \times 3 = 2 + 3 + 4$$
$$3 \times 4 = 3 + 4 + 5$$
$$3 \times F = (F-1) + F + (F+1)$$

---

(2) 例えば、30には3という奇数の因数があるので、9＋10＋11という連続する自然数の合計、平均は10で表せます。と同時に、5の因数として4＋5＋6＋7＋8という連続する自然数の合計としても表せます。

5の倍数の場合

$5 \times 3 = 1 + 2 + 3 + 4 + 5$
$5 \times 4 = 2 + 3 + 4 + 5 + 6$
$5 \times 5 = 3 + 4 + 5 + 6 + 7$
$5 \times F = (F-2) + (F-1) + F + (F+1) + (F+2)$

よいように見えます！ 私は、中心の数の倍数を得るのではないかと思いはじめています。もし、「N =(2K + 1) × F」のときは、Nは「2K + 1」個の連続する自然数の合計となり、Fが中心の数となります。

［**予想6**］N = F ×(2K + 1) を、Fを中心にした自然数の合計として表にしてみる。

$$
\begin{aligned}
F &= F \\
(F-1) + (F+1) &= 2F \\
(F-2) + (F+2) &= 2F \\
&\cdots \\
(F-K) + (F+K) &= 2F
\end{aligned}
$$

ここには「K + 1」個の式があります。左側の合計は右側の合計で、それは「(K × 2F) + F」で、それは「(2K+1) × F」です。**アハ！** よいようです。

確かめましょう！ 2K + 1個の連続する自然数があります。あら、まあ！ それらは全部自然数でしょうか？ もし、Fが

十分に大きければ、です。

［予想６］のパターンにならって、例を当てはめてみましょう。下の式では、Ｆが中心の数を表し、次の３、５、７は$(2K+1)$、つまり奇数の因数を表しています。

$$
\begin{aligned}
F=1: 3\times 1 &= (1-1)+1+(1+1)\\
&= 0+1+2\\
F=1: 5\times 1 &= (1-2)+(1-1)+1+(1+1)+(1+2)\\
&= -1+0+1+2+3\\
F=2: 5\times 2 &= (2-2)+(2-1)+2+(2+1)+(2+2)\\
&= 0+1+2+3+4\\
F=1: 7\times 1 &= (1-3)+(1-2)+(1-1)+1+(1+1)+(1+2)+(1+3)\\
&= -2+-1+0+1+2+3+4\\
F=2: 7\times 2 &= (2-3)+(2-2)+(2-1)+2+(2+1)+(2+2)+(2+3)\\
&= -1+0+1+2+3+4+5\\
F=3: 7\times 3 &= (3-3)+(3-2)+(3-1)+3+(3+1)+(3+2)+(3+3)\\
&= 0+1+2+3+4+5+6
\end{aligned}
$$

アハ！ 私はいつも０を省略することができますし、絶対値の等しい負の整数と正の整数は互いに打ち消し合います。したがって、以下のようになります。

$$
\begin{aligned}
3\times 1 &= 0+1+2 & &= 1+2\\
5\times 1 &= -1+0+1+2+3 & &= 2+3\\
5\times 2 &= 0+1+2+3+4 & &= 1+2+3+4\\
7\times 1 &= -2+-1+0+1+2+3+4 & &= 3+4\\
7\times 2 &= -1+0+1+2+3+4+5 & &= 2+3+4+5\\
7\times 3 &= 0+1+2+3+4+5+6 & &= 1+2+3+4+5+6
\end{aligned}
$$

たぶん、私はこれを使って［予想5］に含まれていた「たいていは」を解決できると思いました。繰り返すと、「2K＋1」を因数にもついかなる数Ｎも、「2K＋1」個の連続する自然数の合計であるということを私は**知っている**ということです。

　しかしながら、連続する整数のなかには負になるものもあります。奇数の因数をもついかなる数Ｎも、二つかそれ以上の連続する自然数の合計で表されることを私は**示したい**のです。「私は何をしたいのか」と「私は何を知っているのか」について、私はしばらく考えました。すると突然、実は完成させていたことに気づいたのです。私がやらなければならなかったのは、負の整数をそれと対応する正の整数で無効にするだけでした。でも、合計は正の整数なので、負の整数よりも多くの正の整数があるということでした。

　確かめてみましょう！　もし、この正と負が消し合うことが一つの数しか残さなかったらどうでしょうか？　あら、まあ！こんなことが起こるのでしょうか？　特殊化してみます（具体的な事例で示します）。

$$(-2) + (-1) + 0 + 1 + 2 + 3$$

　これには六つの整数があります。ここでは「０」の存在が大きいと言えます。負の整数が正の整数と消し合った結果、一つの整数が残るためには、連続する整数が偶数個がなければなりませんが、2K＋1個というのは常に奇数です。これを一般化すると次の予想となります。

［**予想7**］ 0と負の整数を含む奇数個の数ではじまると、消し合いは常に偶数個の連続する整数を提供してくれる。

　1以外の奇数の因数で割り切れるすべての数は、連続する自然数の合計で表すことができるというのに私は満足していません。得られた結果はうれしく思っていますが、ここまでを振り返ることにします。

○振り返り

　私は119ページの二つの補完的な質問のうち❶については答えましたが、❷に関しては答えていません。つまり、「2の累乗は、なぜ連続する自然数の合計として表せないのか？」という質問です。

　ここまでしてきたことは、その答えを含んでいるように思われます。見てみましょう。Nという数は連続する自然数の合計として表せると仮定します。以下の式を見てください。

　　$7 = 3 + 4$ と $5 = 2 + 3$

すでにこれらは、以下と同じであることを知っています。

　　$7 = (-2) + (-1) + 0 + 1 + 2 + 3 + 4$
　　と
　　$5 = (-1) + 0 + 1 + 2 + 3$

アハ！ 再び消し合うアイディアを使うことはできないのでしょうか？ 連続する自然数の合計を取ります。7や5の式から明らかなように、0周辺の負と正の整数は互いに消し合います。もし、Nを連続する自然数の合計として表せるなら、それは奇数の因数をもっていなければならないことを私は示したいのです。

アハ！ それは合計に奇数の自然数があるかどうかに左右されます。私は二つのケースを見つけました。

❶Nが連続する奇数個の自然数の合計（和）として表された。
❷Nが連続する偶数個の自然数の合計（和）として表された。

❶は、［予想6］を逆さまにしたように見えます。❶のNが奇数の因数をもっている場合に、私は推測することができます。
アハ！ ❷は［予想7］を打ち消すようなアイディアに見えます。私は論証を書き出す準備ができたようです。修正するのはあとにして、いま思い浮かぶのは次の予想です。

［**予想8**］もし、Nを奇数個の連続する（必ずしも正である必要はない）自然数の合計として表せるなら、それは奇数の因数をもっている。

○論証

［予想6］の形式を使って「2K+1」個の自然数があると仮定します。そうすると、数は中心となる数字Fでまとめることができます。

第4章　問題に取り組む——予想する　129

$$
\begin{array}{ccc}
& \text{F} & \\
(\text{F}-1) & + & (\text{F}-1) \\
(\text{F}-2) & + & (\text{F}+2) \\
& \cdots & \\
(\text{F}-\text{K}) & + & (\text{F}+\text{K})
\end{array}
$$

よって、N＝F×(2K＋1)となり、したがってNは奇数の因数をもっている。

さて私は、「[予想2] 2の累乗数は、連続する自然数の和では表せない」にも戻れることになります。

◯ 論証

連続する自然数の合計であるいかなる数Nも、それは、奇数個の整数の合計か偶数個の整数の合計かのいずれかです[3]。数が奇数個の場合、[予想8] の論証より、Nは奇数の因数をもっているので、2の累乗ではあり得ません。

もし、数が偶数個の場合は、0と負の整数を使うことで、Nは変えることなく連続する奇数個の自然数の合計で表すことができます[4]。再び、Nは [予想8] によって奇数の因数をもっ

---

[3] 例えば、Nが30の場合、30＝9＋10＋11、30＝4＋5＋6＋7＋8、あるいは(－5)＋(－4)＋(－3)＋(－2)＋(－1)＋0＋1＋2＋3＋4＋5＋6＋7＋8＋9＝6＋7＋8＋9と表せ、連続する奇数個（3個、5個）の整数でも、連続する偶数個（4個）の整数でも表せます。

[4] 例えば9の場合、9＝4＋5＝(－3)＋(－2)＋(－1)＋0＋1＋2＋3＋4＋5と表せるので、和の形に書けた時に現れる数の個数は偶数の2から奇数の9に変わりました。

ているので、2の累乗ではあり得ません。

これで、すべてやり遂げたと思います。

○振り返り

詳細を振り返っても、すべてが整理されています。最後の論証はより短くできたかもしれないと思っていますが、予想の流れを見失ってしまうと、解法が不毛なものになりかねません。

いくつかの、鍵となるアイディアがありました。最終的には負の整数を片づけないといけないということは分かっていましたが、最も際立ったのはそれらの導入を容認したことでした。それが私に［予想6］を立てさせることになり、解法の基礎を築いてくれました。

同じように鍵となる節目がいくつかありました。N、2K＋1、そしてFといった文字を使いはじめたわけですが、その必要性と価値がとても大きかったです。それらは、ある程度具体的でありながらも、私に一般化された計算を可能にしてくれたのです。

また、今回の予想で、Nの奇数の因数が1だけとなる2の累乗根の数は、連続する自然数の和にはならず、N＝Nとしか表現できないことも発見しました[5]。

予想によって提供される情報量を増やし、かつ理解できる範囲で作業を進めるのに、文字を使うことはとても強力な方法となります。とはいえ、使われる個々の文字は、はっきりと条件を規定し、その意味が矛盾しないように細心の注意が払われる

べきです。文字を使って新しい式を考える前に、その式をよく確認することです。文字を使うのに不安を感じているとき、これはよい方法となります。実際に数を入れてみて、式を解釈するのです。

　流れ出るように予想が出てきたことに私は感動し、とても楽しみました。予想が螺旋状に展開することに気づいたことで、これまで以上に予想に対して注意を払うようになりました。また、行き詰まったときは、予想を確かめ、疑うことをやめて、螺旋状のどの部分で軌道を逸れてしまったのかと探すことにしました。

　予想とは、チョウのようなものです。一羽が羽ばたいていると、たいてい何羽かが近くを飛んでいるものです。次のチョウが来ると注意がそちらに向けられてしまうので、前のチョウを忘れてしまいます。

　チョウが一度にやって来たときのことを考えて、あとで元に戻れるように短い言葉で書き残しておくことが賢明となります。そうすれば、チョウと同じく予想も、捕まえることが簡単でないことに気づくでしょう。

　何度か試してみる必要があります。その過程であなたの考えは徐々に焦点化し、不明確だった予想が形になりはじめます。このようにして、予想について本当に考えることが可能になります。

　式が、予想と言えるレベルに達したのか、納得のいく形で証

―――――――――――――――――――
(5)　ここでの訳出に関しては、協力者の須賀侑先生からアドバイスをもらいました。

明できたのかを判断できることもとても大切です。無理やりつくり出された式を独善的に信じることは思考と言えません！すべての式を、確かめることと証明することが必要な予想として扱うことが効果的と言えます。

「連続する自然数の和」では、私は予想をしっかりと記入するようにしました。そして、その主だったものに関しては、あとで戻って、しっかりと証明もしました。予想を証明する方法は第5章のテーマとなっています。

最後に私は、解法の応用発展についてたくさんのデータを集め、次のことに気づきました。

$$9 = 4 + 5 = 2 + 3 + 4$$
$$15 = 7 + 8 = 4 + 5 + 6 = 1 + 2 + 3 + 4 + 5$$

いったいいくつの数が、連続する自然数の和として表すことができるのかと考えてしまいます。

予想はどのように生まれるのか？

「連続する自然数の和」という問題の解法が、数学的思考をするなかで予想が起こるプロセスを示してくれました。でも、予想はどこから来て、どのようにして生まれるのでしょうか？ 最も重要なことは、「自信」が必要だということにあなたが気づくことです。

もし、あなたが臆病で、ためらいがちで、いろいろと試して

みて、それらを退けたり修正したりするようなことをしなければ、自らの可能性を自覚することはないでしょう。だからといって、次のように自分に言い聞かせたところで自信が得られるものではありません。
「私は自信をもつ！」
　自信は、過去の成功体験と、行き詰まったときに感じる不安を振り払うことから得られます。不安を振り払うためには、アイディアを思いついたときに短いメモでもいいから書き留めることが重要です。ですから、書き込みを増やすことを強くおすすめします（くどくなるので、もうこれ以上は言いません）。例えば、次のように書くことが二つの理由で効果的です。
　　……を試してみる。
　　もし……
　　でも、なぜ……？

　理由の第一は、次の考えに飲み込まれることなく、あなたの焦点をそのときのアイディアに絞ることができるからです。理由の第二は、あなたがそのときに何を考えていたのかを思い出すのに役立つからです。
「たぶん……」や「……を試してみる」と、簡単なメモを書いてみるのです。やがて、それらが完璧な予想になっていることに気づくでしょう。
　問題に取り組みはじめて自信がないときは、「……試してみる」「たぶん……」「でも、なぜ……？」を使ってみてください。そして、自信を与えてくれる具体的な例で特殊化するのです。

予想は、二つの活動から生まれ出てくるようです。最も一般的な方法である特殊化についてはすでに論じました。もう一つの方法は、一般化の一形態である類比（アナロジー）です。

ある状況について探究しているときに、突然、前に取り組んだ問題との共通点に気づくことがあります。時には、その類似性はぴったりと同じかもしれません。二つの問題は実質的に同一なもので、単に異なる装いをしているだけということもあり得ます。

類似性は部分的なのですが、それでも予想したり、試してみたりすることはとても助けになります。あなたが最近どのような体験をしているか、問題をどのように見たり、考えたりしているのかといった個人的なアプローチの違いに大きく左右されますので、この事例を示すことはとても困難です。

「連続する自然数の和」 について考えたあとに以下の問題に出合ったのですが、そのときに私はこの事例を思いつきました。

問題・2乗の差
二つの数の2乗の差で表すことのできる数にはどんなものがありますか？

「さあ、試してみてください！」

● ウーン？

- 特殊化してみてください。すぐに「お手上げ」としないでください。
- 体系的にアプローチしてください。「**連続する自然数の和**」という問題では、二つの例を考える方法があったことを思い出してください。一つは数からはじまり、もう一つは連続する自然数の和からでした。
- 二つの数の2乗の差 (x^2-y^2) は、$(x+y)(x-y)$ で表せることを知っていると助けになるでしょう。

1、2、3……を、二つの数の2乗の差で表してみることからはじめます。

$1 = 1^2 - 0^2$
$2 = $ できません
$3 = 2^2 - 1^2$
$4 = 2^2 - 0^2$
$5 = 3^2 - 2^2$
$6 = $ できません

$$7 = 4^2 - 3^2$$
$$8 = 3^2 - 1^2$$

ここから先が見えません。そこで、「**連続する自然数の和**」で行ったことを思い出し、より系統立てて書き出すことにしました。まずは、すべての「数の2乗－1^2」と書き、次のすべての「数の2乗－2^2」というふうに書き出すことで下の結果が得られました。

$$2^2-1^2 \quad 3^2-1^2 \quad 4^2-1^2$$
$$3^2-2^2 \quad 4^2-2^2$$
$$4^2-3^2$$

これらは「**連続する自然数の和**」との関連を示唆してくれており、因数の考えを思い出させてくれます。既知の知識を活用して、私は次のような一般的な式を考えました。

$$N^2 - M^2 = (N-M)(N+M)$$

形は違いますが、私の友人は「2乗の差」は「**連続する自然数の和**」と似ていることを発見しました。彼女は、M＋1からNまでのすべての自然数の和が以下の式で表せるということを導き出したのです。

$$\frac{(N-M)(N+M+1)}{2}{}^{(6)}$$

そして、N − M か N + M + 1 のいずれかは偶数で、他方は奇数であることにも気づきました。N − M と N + M は、両方とも偶数か奇数で、二つの問題の共通性に気づくことで、彼女はこの鍵となるアイディアを「2乗の差」に応用したのです。

いずれの場合も、結果的に「**連続する自然数の和**」との類似性は部分的であることが分かったのですが、その類似性は驚くような形でぴったりのときもあります。次のゲームは、よく知られた子どものゲームとそっくりです。何が似ているか分かりますか？

問題・足して15

テーブルの上に、1から9までの数字が書かれた札が置いてあります。2人のプレーヤーが交互に一枚ずつの札を取ります。最初に、3枚の札でちょうど15になれば勝ちです。

「すぐに試してください！」

○ ウーン？
- たくさん試してみて、最初に何を取るのがいいかを見つける。
- 1〜9の数字を使って合計が15になるというのは、何かを思い出させないか？
- 合計で15になる組み合わせは何か？

---

(6) M = 2、N = 5 のとき、3 + 4 + 5 = 12 です。式では、3 × (8) ／ 2 = 12 となります。

・それらの組み合わせで、個々の数字は何回使うか？
・合計で15になる組み合わせの数字がどれか分かるように、並べられるか？

パターンを発見する

予想するプロセスは、パターンや類似性に気づけるかどうかにかかっています。つまり、一般化できるかにかかっている、ということです。パターンを見つけることは、あなた自身ではコントロールできない究極的な創造の行為となりますが、他のすべての創造的な過程と同じように、ひらめきのために下準備をすることはできます。

さらなる特殊化を試みることは、とてもよい選択肢です。より多くの情報と、もう一度取り組むことで、それが問題への新しい気づきを提供してくれるかもしれません。また、すでにある情報を整理し直すことも、とても有効な方法です。それには、単に配置の変更だけを伴う場合から、考え方を変えてみることまでが含まれます。

例えば、「**連続する自然数の和**」では、次のような置き換えが決定的となりました。連続する奇数個の自然数を得るために、まず連続する偶数個の自然数を考えるのです[7]。

$1+2$ の代わりに　$3 \times 1 = 0+1+2$
$2+3$ の代わりに　$5 \times 1 = -1+0+1+2+3$
　他

一般化は、たくさんの例に共通する特定の要素に焦点を当て、他の要素を無視することで得られます。「たいていは」という言葉を含んでいるので、「**連続する自然数の和**」の［予想５］がそのよい例となります（以下に、［予想５］を再掲）。

［**予想５**］奇数の因数をもつ数は、連続する自然数の和の形で表せる。たいていは、奇数の因数は連続する自然数の個数に等しい。

　私の関心を引いたこの特徴は、すべての例に共通するものではありませんでした（次ページの**訳者コラム**参照）。趣旨は、たくさんの例を試して、あとはのんびりと共通点は何かを問えばいいだけではない、ということです。

　創造的になるには、事例にどっぷりとコミットして染まり、事例がほとんど語ってくれるような状態にならなければなりません。すると、ひ・ら・め・き・の瞬間が訪れ、それが確かな予想に発展することで問題解決者[8]に大きな喜びを与えてくれるのです。

　そして、その喜びが、問題解決が困難なときも、パターンがなかなか見いだせないときも、あるいは間違っている予想を証明しようと長時間がんばり続けるときも、取り組み続ける原動

---

(7) 例えば、21は３という奇数の因数があり、７を中心にした６＋７＋８で表せます。しかし、21には、７というもう一つの奇数の因数もあります。この場合は３を中心にした連続する自然数は成立しない代わりに、21＝１＋２＋３＋４＋５＋６という六つの連続する自然数の合計で表せます。しかし、これに０を足すことで奇数個の連続する自然数の合計となり、私たちの理論にマッチします。

> **訳者コラム**　「なぜ連続する整数の和として拡張しないのか」
>
> 　例えば、21の奇数の因数の一つに7がありますが、七つの連続する自然数の和で表すことができないように、すべての例は、私が最初に見つけたパターンは示してくれません。これについて、前掲の須賀侑先生から以下のコメントをいただきました。
> 「ここと前ページの訳注（7）では、21が7を中心とするとうまくいくが、3を中心にした場合は成立しないが、0を加えることで成立するとありました。また、この文でも21は3を中心にした七つの自然数の和では表せないと書いてあります。
> 　私の疑問は、『なぜ連続する整数の和として拡張しないのか』です。今までの内容として、問題のなかで制限していたものを解いて、より一般化を図った内容が多くありました。ですが、この問題では一貫して『自然数』にこだわっていると思います。『連続する整数の和』として捉えると、21は七つの連続する整数で表現できるので、筆者の推測した予想に合致し、また−21といった負の整数に拡張した場合でも、マイナスを中心となる数にすることで同じように考えられます。筆者のこだわりだと思うのですが、なぜ『自然数』で話を終えてしまったのか気になりました」

力となります。まさに、喜びは苦悩を打ち負かすのです。

　数学における一般化する力は、練習と刺激的で開かれた質問[9]にさらされることで強化されます。その主な方法は次の二つです。

　　・パターンへの期待を高め、それを積極的に見つけ出す準備をすること。

・数学的な知識と経験を蓄積すること。

　数学で最も喜ばしく、かつ満足が得られる要素の一つは、あらゆる分野に豊かでたくさんのパターンが存在することです。数学的な探求を続け、数学的思考を続けると、そうしたパターンを頻繁に見つけられると思えるようになります。そして、それがさらなるパターンを発見する気持ちにさせるのです。

　「連続する自然数の和」 では、そこにパターンがあることを確信しており、それに当てはまらない要素は捨て去ることを決めていたぐらいでした。**「足して15」** での成功は、パターンは必ず存在するという感覚のたまもので、それが魔方陣[10]との類似性を思い出させてくれました。

　数学の知識も、パターンを見いだす際には大いに役立ちます。1番目に、特定のパターンに慣れてくると、それが容易に見えない場合でも認識できるようになります。例えば、平方数の知識がある人は、たぶん次の数字を容易に認識することができるでしょう。

---

(8) 「日本語版へのまえがき」でも書かれているように、本来の算数・数学の目的は、数学的思考者＝問題解決者を育てるための教育のはずなのですが、その機能はほとんど果たしておらず、単に「正解あてっこゲーム」に陥ってしまっているのが現状です。それに対して、本書の執筆者たちは、数学的思考を身につけられたら、数学以外のあらゆる問題を解くためのスキルを身につけられると信じています。

(9) 「刺激的で開かれた質問」については、『たった一つを変えるだけ』（特に第5章）と『好奇心のパワー』（特に第4章）を参照してください。

(10) 魔方陣とは、3×3、4×4などの正方形のマス（方陣）に数字を配置し、縦、横、斜め、どの線に沿って足してもその合計が同じになる方陣のことを言います。「魔方陣（英：Magic square）」で検索してみてください。

「2, 8, 18, 32, 50, 72, ……」

や

「3, 8, 24, 35, 48, 63, ……」

　２番目に、それを使ってパターンが何であるのか確かめられます。例えば、並んだ連続する自然数の差を調べるなど、特定の標準的な方法があります。そして３番目に、数学の特定の分野を勉強することで、どのようなパターンを見つけ出せるかについて敏感になります。

　例えば、第３章に掲載した「**糸が巻かれた釘**」という問題では、私にモジュラー計算[11]を思いださせました。そのなかで、最大公約数が鍵となるアイディアであると分かっていたので、それを予想していたのです。

　最大公約数を知らない人にとっては、「**糸が巻かれた釘**」は難しかったかもしれません。私たちの知識を拡張することは、思考の範囲を広げることにつながるのです。

　もちろん、経験が必ずしも役立つとは限りません。何を見いだせるかについて固定的な考えしかできなくなり、それが実際に起こっていることを見誤らせることもあるからです。

　予想することの技術で大切なことは、慣れ親しんだ状況において、予想外に現れる新しい解釈に心を開くことです。固定化した見方については、第５章と第６章で詳しく扱います。

　それがたとえ簡単なものであっても、パターンを期待していると間違うことがあります。また、パターンや一般化がはっきりしなかったり、パターンが予期したよりもはるかに複雑だっ

たりすることもあります。ここに、一般化を自由にやりすぎることに対して注意を喚起してくれるいい問題があります。

問題・円周とピン

円周上にN個のピンを立て、二つのピンを結ぶ形で紐を結びます。その際、最も多くの領域が得られるのはいくつでしょうか？ 例えば、図のように4本のピンを立てると八つの領域が得られます（この場合は八つが最低でもあります）。

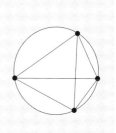

---

(11) モジュラー計算ないし合同算術とは、「自然数あるいは整数をある特定の自然数で割ったときの剰余に注目して、自然数あるいは整数に関する問題を解決する一連の方法」で、その起源は数学の天才と言われるガウスにあるとされています。（ウィキペディアより）

「さあ、試してみてください！」

◉ ウーン？
・再び、注意深くいくつかの例を試してみる。
・どうすれば最大の領域があることを確認できるのか？
・数はパターンをつくるのか？
・他の例を使って、予想を確認してみる。
・ピンを結ぶ紐が交差するのは何回か？
・懐疑的になる。

最初の五つのケースを試すことで、S本のピンは2の（S − 1）乗の領域をつくり出すと思わせてくれます。つまり、6本のピンのときは32の領域となります。したがって、誰もが32番目の領域を一生懸命に探すことになるのです。しかし、最終的には、明らかだと思ったパターンが間違った予想を導いていたことを受け入れることになります。

このような問題は、それが提供してくれた驚きがあなたのなかに残り、自信過剰になるのを警戒させてくれますので、とても価値があります。

まとめ

予想することは、芽生える一般化を認識することです。予想が生まれはじめると、捕まえようとすると飛んでいってしまうチョウの大群のようにたくさん出てきます。時には、それらの

第4章　問題に取り組む――予想する　145

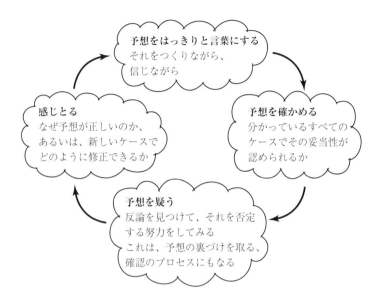

一羽を捕まえて、サイクルを思い出すほうがいいでしょう（上図を参照）。

　予想を明確にし、確認し、修正することは、解法を得る根幹を形成しています。予想は、一般化をする行為を伴っているので、たくさんの例を系統的に集めて、パターンが飛び出してくることを祈っても無駄です。問題に完全にコミットし、浸りきる必要があります。特殊化を整理し直し、類似性を探究する必要もあるかもしれません。

　数学的なテクニック（上記のサイクルおよび276ページのサイクル）を練習して身につけることが、可能性を広げる一番いい方法です。最後に、予想は常に疑ってかかってください。「**円周とピン**」の問題を思い出してください。

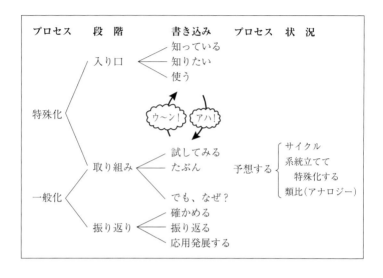

第 5 章

問題に取り組む——証明する

　本章では、二つの異なる活動に取り組みます。「なぜ」を追究することと、そのなぜを説明することです。なぜを追究することは、予想の根本にあるものについての感覚をつかむこととなります。一方、なぜを説明することは、自分の論証を証明できるということを自らに納得させ、それ以上に大切となる、他の人たちを納得させることです。

　また、なぜを説明することは、主に数学的構造のアイディアに基づいています。数学的構造とは、なぜそれが真実であるかを説明するときの背景にある重要な考えのことで、それが予想することも可能にしています[1]。

構造

　最初の三つの章では、問題を解くときに、何が正しいのかを

---

[1] 翻訳協力者の小黒圭介先生は、数学的構造を「考えている対象が本来もっている仕組みのこと。すぐには見えて来ないけれど、突っついたり引っ張ったり（特殊化）すると現れてくる、数学の言葉で語れる（計算、分類、整理することができる）仕組みやルールのこと」と説明してくれました。

予想するプロセスのあとに、なぜそれが正しいのか（あるいは間違っているのか）を明らかにするプロセスが速やかに行われました。例えば、第1章の問題「**チェスボードの中の正方形**」のときに立てた予想は、すぐに正方形の数を数えることで証明されました。

しかしながら、「何」を予想するかは、「なぜ」を追及することよりも簡単です。そして、他の人たちを説得することはさらに難しくなります。たくさんの追求にもかかわらず、なぜが分かりにくいままの二つの極端な例として、第4章の「**ゴールドバッハの予想**」と次に紹介する問題があります。

問題・反復する

① なんでも好きな自然数を選びなさい。
② もし、自然数が偶数の場合は2で割りなさい。
③ もし、奇数の場合は、3を掛けて1を足して2で割りなさい。
④ 結果について、②または③を繰り返しなさい。1にたどり着くことはありますか？　いろいろな自然数で試しなさい。

「あまり長い時間は費やさないでください！」

もし、あなたが 5×10^{18} [(2)] よりも小さい数ではじめたなら、最終的には1にたどり着くことができるでしょう。これは一般的に知られていることですが、他にはほとんど何も知られてい

ません。

「ゴールドバッハの予想」の場合と同じく、たくさんの特殊化がすでに行われ、多くの人が妥当な予想であると確信しています。しかしながら、いまだかつて一人も厳格な吟味に耐え得るだけの説得力のある論証を提供できていません。

必要なことは、たくさんの事例ではなく、理由であり、根本的なパターンであり、論証を組み立てる数学的構造です。

数学者たちは、「構造」とはどういう意味かということをはっきりさせるために多くの時間を費やしてきました。実際、数学の知識体系は現時点での数学的構造とは何かを表していると言えます（次ページの**訳者コラム**参照）。

「構造とは何か」の一般的な定義を示すことはおこがましいのですが、具体的な事例を挙げることで、それがどういうことかを理解することができます。

問題・マッチを使って（1）

図のように、14個の一列に並んだ正方形をつくるには、全部で何本のマッチが必要ですか？

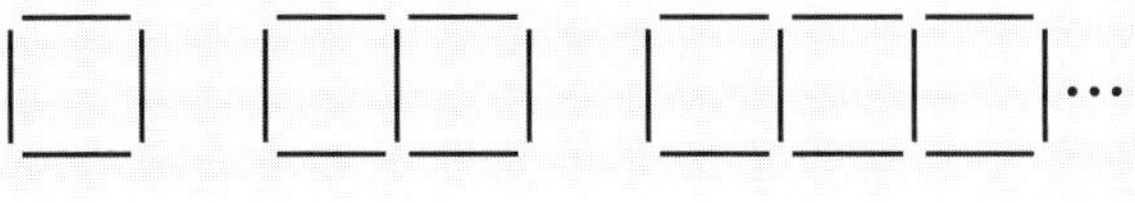

「さあ、試してみてください！」

---

(2) 原書には「5 billion billion」と書いてあります。5×10億×10億と解釈して、5×10の18乗としました。

> **訳者コラム**　「数学的構造」
>
> 翻訳協力者の田村大介先生が、以下のように数学的構造を説明してくれました。
>
> 「数学的構造とは、とても難しい概念です。簡単に言えば、ごく僅かな、正しいと認めるもの（これを公理と言います）を用いて、様々な数学分野の定理を証明しようという試みを通じて明らかになるものです。例えば、たった三つだけの公理を使ってすべての数学を証明しようと考えたとしましょう。
>
> しかし、数学には代数や幾何など様々な領域があります。普通に考えれば、計算と図形問題はまったく別物と言えます。したがって、わずか三つの公理ですべてを示そうとすれば、これらに共通する性質を取り出し、すべてに普遍的に応用可能なものを公理として定めなければなりません。そして、このような取り組みを通して、数学の領域が互いにどのように関係しあっているのかが明らかになってきます。
>
> こうして明らかになってくるものが数学的構造です。言い換えれば、数学的構造とは、何かを証明しようというときに、寄って立つべき根拠との関係性のことだと言えるかもしれません。ただの推測に過ぎないものが、数学的構造に取り込まれることによって、他者に対して正しいと主張する根拠となるのです」

最も疑う余地のない方法は、このまま正方形の数を増やしながらマッチが必要な数を数えていき（系統立てた特殊化）、数のパターンを探すことです。

その数が次のようになることは、なんの洞察力（物事の性質

や原因を見極めたり推察したりする能力）も必要としません。

 4, 7, 10, 13, ……

　3ずつ増えます。予想は明確です。14番目の正方形には43本のマッチが必要であるだけでなく、より一般的にN番目の正方形には3N＋1本のマッチが必要であることが分かります。これを証明し、疑い深い人を説得するためには、「3ずつ増えている」ということがマッチに起こっていることを示さなければなりません。

　この問題は、マッチを次のようにグループ分けすることでとても分かりやすくなります。

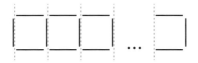

　N番目の正方形は、最初の1本と3本一組のマッチ、つまり3N＋1本が必要ということになります。予想した式（何が知りたいのか）とマッチ棒の配置の構造（知っていること）を関連づけていますので、これは説得力のある論証になっています。

　しかしながら、この問題の簡単さに安心をしないでください。なぜなら、人はしばしば数のパターンを認識すると、それを基にした予想が十分に正当化された解法であると誤解してしまうからです。次の問題を試してください。

問題・マッチを使って（2）

図のように、自然数1，2，3……N^2の正方形をつくるには、何本のマッチが必要ですか？

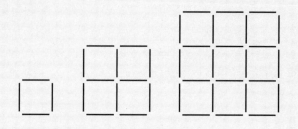

「さあ、試してみてください！」

● ウーン？

・系統的に特殊化をしてみる。
・マッチ棒を数えてみる。
・次の事例を試してみる。パターンを探してみる。
・マッチ棒をどのように数えたか？　一般化してみる。
・他の系統だった数え方を試してみる。

もし、それぞれの配置のマッチ棒を数えたなら、あなたはたぶん、それらの数字にパターンを見いだすことはできないでしょう。しかし、自分がどのように数えたのかを見ることで、N番目の配置におけるマッチの数え方は一般化することができるかもしれません。N番目の配置にはN^2の正方形があります。

・横列には、N本のマッチがN + 1行並んでいる。
・縦列にも、N本のマッチがN + 1行並んでいる。

合計すると、$2N(N+1)$ 本のマッチです。この場合、予想はマッチの並びだけをベースにしています。

　　4, 12, 24, ……

というパターンを見いだすのは難しそうですが、マッチ棒の配置の構造はかなり明白です。

私が明らかにしたように、ここでの基本的な構造には、横列と縦列のマッチのパターンと「$2N(N+1)$」の式によってつくり出される数字のパターンと共通するものが含まれています。構造自体を語ることは難しいのですが、マッチと式がそれを表しています。したがって、マッチの数え方と式のつくり方との関連が見えるようにすることで、式は説得力をもって証明することができます。

「**マッチを使って（1）**」の証明は、一つの配列から次にどうつながっているかというところにありましたが、「**マッチを使って（2）**」では、個別の配列を系統だって分析することによって得られました。

これら二つのアプローチはとても似ています。一つはすでに分かっている配列の繰り返しから導き出され、もう一つは一般的な配列を直接明らかにしようとしました。

両方のマッチの問題で、構造はいくつかのパターンによって捉えることができましたが、常にそうなるわけではありませ

ん。かなり異なる構造が第4章の「**重い椅子**」という問題の解法で見られました。

矢印によって椅子が向いている方向を表すことで、そして、椅子が動ける規定に従いながら矢印を記録することで、横と縦の矢印が交互に表れるチェスボードのようなパターンが得られました。

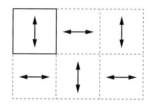

椅子の角で90度ずつ回して動かしていくのはチェスボードのパターンを維持し、出発地点から隣に同じ方向で動かすことは不可能であることが分かります。

振り返りのときに、チェスボードとは異なる他の方法がないかと考えてみました。座標を導入して、それに椅子の角の跡を記入していくと、その角がどこに動こうが、座標の合計は常に偶数か、あるいは常に奇数のいずれかとなります。この観察が、次のより厳密で説得力のある論証に発展しました。

○論証

椅子の一つの角を (a, b) と仮定します。それが90度動いたときに可能な位置は次の通りです。

　　　(a, b),　　　(a＋1, b＋1),　　　　(a＋2, b)
　　　(a－1, b－1), (a, b－2),　　そして　(a＋1, b－1)

第5章 問題に取り組む――証明する　155

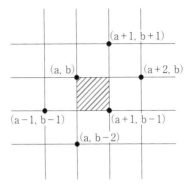

　これらはすべて、座標の合計が偶数であるか奇数であるかを維持します。しかしながら問題は、椅子を、座標の合計の偶奇（偶数と奇数）が反対になる位置に動かすことができるかどうかを問うていますので、それは不可能となります。

　もう一つ別の非数値的な構造の例は、第4章の問題「**足して15**」にありました。魔方陣がこのゲームをするすべての情報を押さえており、鍵は数の配列にあることも示していました。

4	9	2
3	5	7
8	1	6

　本章で紹介できるのは、数学的構造という概念に含まれる多様なアイディアのほんの一部にすぎません。より複雑な事例には、継続的に数学的なアイディアに触れ続けることで出合えるでしょう。

　覚えておくべき大切なことは、予想とは、特定の問題の不可

解な点を説明するのに役立つかもしれない可能なパターンや、規則性に関する情報に基づいた推測だということです。予想が考え出されると、修正されるべきか、それとも説得力をもって証明されるかを見極めるために慎重に取り調べることになります。これは、なぜそうなのかを明らかにすることで行われます。

　私が知りたいことの中身は、何が真実かを明らかにすることから、予想はなぜ証明されるのかに転換します。つまり、「何を求めること」から「なぜを求めること」への移行です。なぜの答えは、あなたが知っていることと、あなたが予想したことを結びつける構造にあります[3]。

構造的な関連を求める

　ここでは、予想を証明するのに、そして予想がなぜ正しいのかを説得力をもって説明するのに、構造がどのように使われるのかを詳しく見ていきます。

　何が正しいのかという予想を証明するために「なぜ」を説明しようとするとき、「**マッチを使って（1）**」と「**マッチを使って（2）**」という問題は、一般的には二つの情報源があることを示してくれています。

　一つ目は、元々のデータです。つまり、あなたは何を知っているかを構成しているマッチ棒の配置です。二つ目は、証明したいあなたの予想です。

　問題を満足のゆく形で解くことは、あなたが知っていることの背景にあるパターンと、あなたが求めていることとの関連を

見つけて分かりやすく述べることです。時には、一般的なパターンの予感が、あなたの知りたいことから直接導き出されることもあります。例えば、「**マッチを使って（1）**」で見た次の数字の並びのようにです。

　　4，7，10，13，……

　そして、「**マッチを使って2**」のように、時にはあなたが知っていることから直接導き出されることもあります。しかしながら、多くの場合は、両者が行ったり来たりすることによって生まれます。知っていることと知りたいことを結びつける一般的なパターンが構造です。そのつながりを、はっきりと述べることが証明となります。

　マッチ棒の問題は意図的に易しくしていましたが、この原則はどんな問題でも使えます。例えば、第1章の問題「**回文数**」のように、連続した回文数は「110」ないし「11」の違いがあるという、系統だった特殊化がパターンを導き出してくれるものもあります。このパターンは、一つの回文数から次の回文数に移るのを観察することで、私が回文数について知っていたことと関係が生まれました。

　　十の位と百の位を一つずつ増やす（つまり、110を足す）
　もしくは

---

(3) つまり、証明とは、「予想と正しいこと（根拠・正当性）を結びつけること」にあると言い換えられます。詳しくは次節で説明されています。

千の位と一の位を1ずつ増やして、十の位と百の位を1ずつ減らす（つまり、1001 − 990 = 11を足す）

　同じく第1章の問題「**パッチワーク**」で系統立てて特殊化を試みているとき、2色で十分に足りる（知りたかったこと）という結論を観察の結果得ていました。この予想は、線を1本ずつ足し、色を修正するという手順を踏むことで証明されました。
　問題を解くための一連の手順は、パッチワークの二つの異なる構造的な特徴（知っていること）によって決まっていました。線を1本ずつ加えることで形成されることと、新しい線が付け加えられたときは、古い領域はそのまま残るか二つに分けられるのです。
　「**パッチワーク**」と「**回文数**」の問題では、単純な系統だった特殊化以上のことが求められていました。いくつかのパターンを見つけ出すこと（知りたかったこと）と、パターンを基本的な構造と関連づけること（知っていること）が必要でした。
　143ページの問題「**円周とピン**」は、当初のデータからは分からない数字の明らかなパターンを示してくれる例と言えます。

　　　1, 2, 4, 8, ……

　このように続く順番は、2の2乗を予想させてくれますが、この2乗は構造にはまったく表れていません。最初のいくつかの数字でパターンを見いだすことは問題の解決には不十分ですし、もっともらしい予想を考えるだけでも不十分であることを示しています。

予想を、当初のデータの構造に戻して関連づけなければなりません。次の問題は、「数える問題」に構造的なつながりがよく見いだせることを示してくれます。

問題・ハチの系図

オスのハチは非受精卵から生まれます。つまり、存在するのは母親だけで、父親はいません。一方、メスのハチは受精卵から生まれます。オスのハチには、12世代前の祖先が何匹いるでしょうか？ そのうち、オスは何匹でしょうか？

「さあ、試してみてください！」

● **ウーン？（入り口）**
　・図か家系図を描いてみよう。
　・12世代全部は描かないように！

ウーン？（取り組み）
　・数と図の両方のパターンを見てみる。
　・自分の予想を証明したか？ 数がどのように大きくなるかと、世代がどう増えるのかとの直接的なつながりを知る必要がある。

「**ハチの系図**」という問題は、「フィボナッチ数列」をよく知っている人にとっては面白いものです。それは、以下のように続き、ある数はその二つ前の数の合計になっています。

1，1，2，3，5，8，……

　この状況でそれにすばやく気づき、パターンを認識することで、この問題を解くことにつながります。しかしながら、フィボナッチ（Leonardo Fibonacci, 1170?〜1250?）のパターンは、繁殖の気まぐれというこのケースのデータと直接結びつけられるまで、あくまでも予想でしかありません。関係は以下の式で表すことができます。

　N＋2世代前のハチの祖先数＝N＋1世代前のハチの祖先数＋N世代前のハチの祖先数

「この式を証明してみてください！」

　構造的な対応を明らかにできたなら、12世代前の答えを導き出すことは簡単な計算になります。あなたはフィボナッチのパターンを使って答えを予想したかもしれませんが、関係を築けるまではその答えが定かではないのです（「**円周とピン**」という問題を思い出してください）。

　数えることをベースにした問題の構造的な特徴は、ほとんどの場合「**ハチの系図**」という問題と同じです。数えられるもののパターンは、表れる数のパターンとよく似ています。数のパターンに気づけると、同じ数が表れる他の問題を参考にすることで、どんなパターンを探せばいいのかが分かるのです。

　次の問題で特徴づけられる構造はより複雑ですが、今回の場

合も、知っているパターン（ハチの数）は知りたい数のパターン（フィボナッチの数列）を反映しています。

問題・正方形に分ける

もし、正方形をN個の重なり合わない正方形に分けられるなら、自然数のNは「すてき」と呼ばれます。どんな数が「すてき」でしょうか？

「さあ、試してみてください！」

● ウーン？（入リロ）
  ・分けるとはどういう意味か？
  ・簡単なケースを試してみる。

ウーン？（取り組み）
  ・予想にたどり着くまで、系統だった特殊化を試してみる。
  ・書かれていないことで、正方形について何か仮定していることがあるか？
  ・分けることからはじめて、正方形の一つを分けてみる。
  ・正方形からはじめて、その周りに他の正方形を築いていく。

たくさんの例を試したなら、「すてき」として「4, 9, 16, ……」といった数に納得することでしょう。問題では、正方形がすべて同じ大きさであるとは言っていないことに気づくと、あなたは「4, 7, 10, 13, ……」も「すてき」であることを見いだすかもしれません。

他にもあるでしょうか？　分けるには、最低でも一つの正方形が必要なことが分かっています。一つの正方形の周りに配置することはできるでしょうか？　運がよければ、「6，8，10，12，……」も「すてき」であることを発見するでしょう。したがって、これら全部をあわせると、以下の数字がすべて「すてき」となります。

　　　1，4，6，7，8，9，10，……

言い方を換えると、2，3，5以外の数はすべて「すてき」と予想してもいいようです。でも、例えば「1587」が「すてき」であると自分自身を納得させることができますか？　ここであなたは、5以上の数はすべて「すてき」であると自信をもって断言するために何らかの構造を求めていくことになります。
「さあ、試してみてください！」

●ウーン？（取り組み）

- もし、Kが「すてき」ならば、他のどんな数が「すてき」か？
- Kの正方形の一つに取り組んでみる。
- 6と7と8が「すてき」であるという事実から、何を推測することができるか？

●応用発展

- 3次元の場合は立方体を使い、「とてもすてき」な数になります。現時点ではほとんど知られていませんが、47

以上のすべての数は「とてもすてき」であると予想されます。

　これまでの事例から、より複雑なケースをつくり上げるアイディアについては先に触れましたが、「**正方形に分ける**」という問題は同じアプローチで解くことができます。

　正方形を正方形に分けるという基本的な方法の一つは、K個ある正方形の一つを四つに分けることで（残りのK − 1個の正方形はそのままで）合計「K + 3」個の正方形になります。したがって、もしKが「すてき」なら、結果としてK + 3も「すてき」であり、この一つのアイディアを継続して使うことで、もし6，7，8が「すてき」であることを知ったなら、それ以上のすべての数は「すてき」であることが分かります。

　数列には、容易にそのパターンを認識しやすいものがあります。例えば、2，4，6，8，……や1，4，9，25，……などのようにです。また、2，8，18，32，50，……も少し考えれば分かります。

　しかし一方で、それが容易に認識できないものもあります。「**正方形に分ける**」や「**ハチの系図**」といった問題に出てきたように、ある数がその二つ前の数の合計になっている「フィボナッチの数列」（1，1，2，3，5，8，13，……）はこれに含まれます。

　一般的な式を見つけ出そうとする場合、この繰り返し現れる関係を数学者たちは観察しています。そのため彼らは、繰り返し現れる関係をどのようにして式に変換させられるかという一

般的な方法を見つけることに注意を注いでいるのです。そのような一般化の方法で、数学的な理論体系[4]が立ち上がってくるのです。

「正方形に分ける」という問題が、数学的な構造が予想を証明するのに果たす役割を示す最後の事例です。

いつ予想は証明されるのか？

ほとんどの予想は間違いである、このことをわきまえておくことがとても重要です。そして、多くの場合、間違った予想にこそ価値があるのです。意味のある解法への道筋には、多くの間違ったステップや、一部あるいはまったく間違ったひらめき、そして何が正しいかという自分の感覚を明らかにするための手探りなどが伴っています。

これまでの章にも、そのいくつかの例が含まれていました。とりわけ、以下の三つを挙げることができます。

・「回文数」（第1章）は、1001まで110を足すことで、すべての回文数が得られるという間違った予想をさせる。
・「ホットプレートで早くパンを焼く方法」（第2章）は、多くの人が最初は間違った予想をするように誘発している。
・「ペンキがかかった自転車のタイヤ」（第4章）は、可能性の高い、しかし相互に矛盾する二つの予想をもたらす。

それぞれのケースで、予想を確認しなければ致命的なミスにつながったことでしょう。確認のプロセスが間違いを見つけ、

より適切な予想に導いてくれたのです。

　もし、長い間もがいたあとで妥当な予想を見つけたとき、そ
れはあまりにも正しくて、それを信じないではいられないとい
う状況に陥ってしまうことが問題なのです。たくさんの精神的
なエネルギーを投資しているため、確かめる際、批判的になれ
ないことがあるのです。

　それでは、あなたは予想が十分に確認され、説得力をもって
証明されたことをどうすれば確認できるのでしょうか？　端的
に言えば、あなたが確実に知ることはほとんどできないという
ことです。数学の歴史は間違った論証だらけです。でも、批判
的かつ建設的に学べることはあなたにとっては有益となります。

　前節で示したように、証明することは根本的な構造ないし関
係（つまり、知っていることと知りたいことのつながり）を明
らかにすることです。もし、あなたがそのつながりを見つけた
と思ったら、あとはそれを注意深く、かつはっきりと言葉にす
るだけです。

「何」に関する予想と同じように、「なぜ」に関する予想も何
回かの修正が必要かもしれません。それゆえ、私は次の三つの
ステップを踏むことをおすすめします。

**　　自分を納得させる**

**　　　　友だちを納得させる**

**　　　　　　疑い深い人を納得させる**

---

(4) 数学の専門用語では、漸化式（英：recurrence relation; 再帰関係式）と言います。各項がそれ以前の項の函数として定まるという意味で、「数列を再帰的に定める等式」と言います（ウィキペディアより）。

　第一のステップは、自分自身を納得させることです。不幸にも、それはあまりにも容易なことです！

　第二のステップは、友だちかクラスメイトを納得させることです。これをすることで、あなたが当たり前だと思っていたことをはっきりさせ、客観視させてくれます。その結果、あなたの友だちは、あなたが正しいと言っていることについて納得できるだけの理由を聞くことができます。

　この時点で、あなたの友だちにあなたと同じような体験を提供するには、具体例のなかで最も理解しやすい事例を詳しく述べることが効果的となります。もちろん、事例だけでは不十分です。それらは、あなたの予想がもっともらしいことを友だちに伝えるかもしれませんが、それだけではすべてのステップを証明したことにはなりません。

　例えば、「**ゴールドバッハの予想**」や「**反復する**」といった問題について、「たくさん試せば、あなたは分かるでしょう」では不十分なのです。あなたの予想がなぜ正当かを、構造的なつながりを示して証明しなければなりません。

　仮にあなたの友だちが納得したとしても、まだ十分ではありません。第三のステップは、あなたが言うことすべてに対して疑念や質問をもつ人を納得させることです。

　「敵」という言葉をあえて使いたいと思います。実際に適当な

敵を探すのは難しいので、敵の役割も自分が担えるように学ぶこと（つまり、自分の考えに批判的になれること）がとても大切となります。

自分の「内なる敵」がどのように機能するかを見るために、第1章の問題**「パッチワーク」**を考えてみましょう。この問題を探究することで、何についての予想に導いてくれました。

2色で常に十分である。

2色だけで図を塗るためのルールを探す試みが行われ、いくつかの予想が立てられ、そして捨てられました。それらはすべて、なぜを解明しようとするものでした。系統だった特殊化を行うことで、使えそうだと思える方法が徐々に浮かび上がってきました。

> 新しい線が加えられたとき、いくつかの古い領域は二つに分かれます。新しい線の片側のすべての領域は前と同じ色を維持し、もう片側の色は反対にします。

これでは、「なぜ」にはまだ完全に答えたことにはなりません。なぜなら、質問が「なぜ2色で十分なのか？」から「なぜこの方法でいいのか？」に転換したからです。

友だちへの説明は次のようになるでしょう。

四角のなかは、以下のようにすべて適切に塗られています。

- 新しい線に隣接する領域（この例では、1と2、7と5、6と4）は、意図的に違う色に塗り替えられました。
- 古い線に隣接する領域の色を変えなくていい部分（1と7、7と6）は、前の色が維持されています。
- 古い線に隣接する領域で色を変えなければならない部分（2と3、2と5、3と4）は、すべて前の色とは違っています。

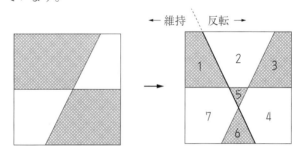

ほとんどの友だちはこれで納得してくれますが、「敵」はそうはいきません。説明を読み直して、次のような対話が展開するかもしれません。

敵 新しい線に近い領域は、違う色で塗り替えられるのですか？

私 新しい線が加えられる前、そこは一つの領域だったので同じ色でした。しかしいまは、新しい線の両側になったので、異なる色にならないといけないからです。

敵 でも、色を変えることで隣接する領域の色は同じになりませんか？

私 いや、なりません。古い領域を新しい線が真っ二つに分けるので。

敵 古い線に隣接する領域が、異なる色になることはなぜ分かるのですか？　新しい線と混同しませんか？

私 最初から違う色になっているので、両方とも変わらないか、両方とも変わります。

敵 なぜ、両方とも変わらないか、それとも変わるのが分かるのですか？

私 古い線に隣接しているので、新しい線の反対にはならないからです。

敵 なぜですか？

私 二つの線の反対に位置するには、二つの領域は一点のみで接しており、隣接はできないからです。

　内なる敵は、あまり役に立つとは思えない懐疑的な態度で、終わりのない「なぜ」の質問をしはじめたところです。質問は、「敵は頭がおかしいのではないか」と思われるものです。「頭がおかしい」が言い過ぎなら、必要もないのに意地悪です。

　でも、もし本当に直線で分けられる領域について懐疑的なのであれば、質問はおかしくはありません。

　実際、質問の流れは明らかな一般化を図るときの質問に似ています。平面状に描かれた線が一回も交差することなくその最初と最後が結ばれたなら、結果的に平面を二つの領域に分けることになります。

　これらの「なぜ」という質問を続けることは、数学者に無数

のアイディアと斬新な視点（この場合は、トポロジーないし位相幾何学）を導き、数学の異なる領域の解明に役立つことになります[5]。

　質問は、特定の弱点を指摘するものでなければ役に立ちません。とはいっても、質問が長い間続くこともあり、それが直線と領域の原理[6]までさかのぼって考えさせることにもなります。境界はどこかに引かなければなりませんが、どこに描くかを指定するように表現することはできません。

　一般的に受け入れられている論証の欠陥は、「なぜ」に関する質問をいつもよりしつこく問うことで明らかにされ、その結果、新しい数学的なアイディアと視点を刺激することがしばしばあり得ます。

「パッチワーク」の問題は、関連した質問があるのでとてもよい例と言えます。

> 境界に沿って（特定の場所だけでなく）隣り合う領域が違う色になるように地図を塗るには、最低で何色が必要でしょうか？

19世紀には4色で十分という予想が立てられ、それが長年にわたって受け入れられていたのですが、誰かがそれを一般化しようとして欠陥を見つけ出したのです。そして、およそ100年後にようやく論証が行われるようになりました。

　しかし、踏むステップが多すぎて、すべてを押さえるにはコンピューターが必要とされました。この事実は、そのような長

い論証の正当性を確認するときの問題を数学者たちに提起したのです。

結局、コンピューター・プログラムにエラーや間違った前提が含まれているかもしれません。敵には、たくさんやることがあります。でも、基本は変わりません。根拠を問い、誤った考えや固定観念を明らかにすることです。

「敵を納得させる」という言い回しは、ちょっとおかしく、誇張しているかもしれません。しかしながら、それこそが、新しい数学的な結果が数学界に受け入れられる方法を反映しているのです。

問題解決に向けた徹底した探究の結果、論証が考え出され、そしておそらく紙の上か同僚に語る形で試されました。そういうことが何回か繰り返され、いくつかの弱点が洗い出され、そして解決されたとき、出版のために論文が提出されます。

この論文は、少なくともその分野の専門家（つまり、敵！）たちによって批判的に読まれることになります。この段階の論文は、当初のものに比べてはるかに抽象的で、砕けた言葉や隠れた前提は避け、できるだけ間違いのないようにするために形

---

(5) 例えば、左側と真ん中の図は、線でつくられた線の中と外の二つの領域がありますが、右側の図は、一か所で交差しているので三つの領域になっています。

(6) この原理は数学者の間ではとても有名で、「ジョルダンの曲線定理」と呼ばれています。

式的なものになっています。その結果、読み手は元々のひらめ
きやそこに書き記されていることの価値を読み解くために一層
の努力が必要となります。

　論文に書かれていることが数学界を納得させられれば、正当
性が認められたと見なされます。しかし、たとえ論証が発表さ
れて受け入れられても、何年か後に間違いや暗黙の前提が見つ
け出されることがあります。

自分のなかに敵をつくる

　あなたのしていることを辛抱強く、しかも疑い深く見てくれ
る適当な「敵」を見つけることは容易ではありません。そのた
め、自分でその役割を担えるように学ぶことが有益となります。
敵になってくれそうな人を探す手間が省けるだけでなく、自分
のなかの「敵」は、数学的思考のいろいろな状況で重要な役割
を果たすことができます。

　　　　　　　　　第7章ではその点について深く掘り
　　　　　　　　下げますが、ここではあなた自身が自
　　　　　　　　分の最善の「敵」になれる方法につい
　　　　　　　　て触れていきます。自分のなかの「敵」
　　　　　　　　を育て、そして強化する三つの効果的
　　　　　　　　な習慣があります。
　　　　　　　　❶論証を、予想として扱う習慣をつけ
　　　　　　　　　ることです。その影響は、数学はす
　　　　　　　　　べてが正しいか間違っているかと

いう従来の見方から、数学は説得力のある証明を見つけるまで修正したり、確かめたりする学問分野であるという捉え方への転換を可能にしてくれます。

❷予想の証明をしようとするのと同時に、敵を打ち負かす努力をすることで、予想を確かめる習慣をつけることです。

❸他の人たちの論証を批判的に、しかし建設的に見る習慣をつけることです。論証が特に自分のものであるときは、不十分なところをうまく取り繕うことが極めて容易なので、確かめることの大切さを認識するのに役立つからです。

意地の悪い問題で予想を疑ったり、打ち負かしたりすることを学ぶのは、たやすいことであってもすぐに思い通りにできるものではありません。第4章で予測を最初に紹介したとき、それはサイクルとして紹介しました（図を再掲）。

自分の予想を疑うということは、単に間違えやすいことに対して、口先だけで調子のよいことを言うことではありません。本当に間違いがあるかもしれず、その予想の欠陥を見つけようとしても、それを見つけられなかった結果として、なぜそれが正しいかが見えてくるのです。

　信じることと信じないことが異なる視点を提供してくれるということがとても面白いのです。なぜそれが正しいかを見いだそうとする努力からは何も得られませんが、それが誤りであると証明しようとすることで、本当は何が起こっているのかについて理解できるのです。

　実際にこれが私に起こったのは、第4章で掲載した問題「**ペンキがかかった自転車のタイヤ**」を考えているときでした。なぜ、一つのペンキの跡しかつかないのか、私は理解できませんでした。それを意図的に信じるのをやめて、前のタイヤと後ろのタイヤの距離を測ろうとしたことで前に進むことができました。特に扱いにくい問題に取り組む際、数学者たちは昔からの教訓を思い出すものです。

**　月曜、水曜、金曜には正しいと信じる。**
**　火曜、木曜、土曜には間違いと信じる。**
**　日曜には中立の立場を取り、他のアプローチを探す。**

　信じることと信じないことを繰り返す必要性をよい形で示してくれている問題が、次に紹介するヴィクトリア時代の室内ゲームです。

問題・ユリーカ！の配列

一人が、三つの数をつくり出すルールと、そのルールを満たしているサンプルを一つ書き出します。残りの人たちは、三つの数を言い、ルールを満たしているか否かによって「はい」か「いいえ」の反応をします。

出されたすべての数は表示されます。もし、誰かルールが分かったと思ったら、アルキメデスが風呂から飛び出しながら叫んだように「ユリーカ！」と叫びます。その後も、三つの数を出し続け、全員がルールを分かるまで（全員が「ユリーカ（分かった）！」と言うまで）続けられます[7]。

（注意）このゲームは、ルールを考える人がとても簡単なルールを選択した場合のみ機能します。

「すぐに試してください！」

このゲームを紹介したピーター・ウェイソン（Peter Wason・イギリスの心理学者）が好んだ例は「2，4，6」の配列でし

---

[7] 具体的な例で説明しましょう。Aさんが、「三つの数には1が含まれている」というルールのもとに、「11, 31, 17」という数をBさんとCさんに見せます。Bさんはルールが素数ではないかと考えて「2, 7, 13」と言います。Aさんは「いいえ」と言います。Cさんは、AさんもBさんも理由は分かりませんが「46, 23, 55」と言いました。Aさんは「いいえ」と言います。これを繰り返したあと、Bさんが「11, 17, 31で一番大きな数が中心にある」と言いました。ルールと違っていたので、Aさんは「いいえ」と言いました。さらにいくつか試みられたあと、Bさんは「ユリーカ！」と叫んで、「三つの数には1が含まれている」がルールであると告げました。

た。これから、いくつかのルールが考えられます。それらのすべてがその配列を容認するものですが、彼が設定したルールではないかもしれません。例えば、以下のようにです。

- 三つの連続する偶数。
- 増え続ける三つの偶数。
- 足して12になる三つの数。
- 三つの増え続ける数のうち、少なくとも二つ（一つ）は偶数。

これらの予想したルールを確かめる唯一の方法は、予想したルールを否定し、その結果、本当のルールも否定する三つの偶数を提示することで予想したルールを反証してみることです。ほとんどの人は、ルールが確認できるケースしか提示しません。したがって、そのルールが完璧ではないということも明らかにしないのです。

もし、予想が「三つの偶数」なら、それに該当する三つの連続した偶数の配列と、三つの連続しない偶数の配列を提示することが大切です。ウェイソンが使ったルールは上記の四つのいずれでもありませんでしたが、どの三つの連続する偶数も受け入れます。

このゲームをうまくやるなら、自分の予想を明らかにすることが大切です。そして、このケースの場合は、少なくとも、偶数であることと数が増えることに注意しながら、系統立ってすべての詳細を確かめる必要があります。この方法によって、反証することがより適した予想にすることを可能にします。

「**ユリーカ！の配列**」という問題の際立った特徴の一つは、ルールをつくった人が、あなたが予想したルールを確認しない限り、あなたは自分の予想が正しいかどうかが分からないということです。その理由は、私が知りたいこと（隠れたルール）の構造も、見つけ出そうとしているルールの状況も分かっていないからです。

例えば、以下のルールを見つけ出すことは不可能です。

（22222、44444、66666）以外の三つの偶数

すべての証拠が「三つの偶数」というルールを指し示し、しかも説得力がある予想なのですが、間違っているのです。その意味で、このゲームは「自然の法則」が予想であり続ける科学的な探究と類似しています（次ページの**訳者コラム**参照）。

あなたの批判的な能力を磨くよい方法は、他の人の論証を見て、あなたがそれに納得するかを判断することです。148ページに掲載した問題「**反復する**」は、そのような機会を提供してくれています。この問題を、ある２人のやり取りを通して考えてみましょう。問題は、以下のようなものでした。
①なんでも好きな自然数を選びなさい。
②もし、自然数が偶数の場合は２で割りなさい。
③もし、奇数の場合は、３を掛けて１を足して２で割りなさい。
④結果について、②または③を繰り返しなさい。１にたどり着くことはありますか？　いろいろな自然数で試しなさい。

> 訳者コラム **「物理学の法則はすべて予想」**

翻訳協力者である田村大介先生のコメントを紹介しましょう。「物理学における法則はすべて予想に過ぎません。これが広く、正しいこととして受け入れられているのは、その法則に従うと多くの物事がうまく説明できるからです。したがって物理では、実験の精度が上がり、これまでの理論では説明できないことが出てくると、それを説明するための新しい理論が登場してきます（例えば、ニュートン力学は高速度や高重力の環境下では成り立たないことが分かり、アインシュタインの力学が取って代わりました。ただ、日常域ではニュートン力学は十分な精度で正しいので、いまでもよく使われています）。一度正しいとなったら、未来永劫正しい定理であり続ける数学との大きな違いです」

一番目の人は、試しに7でスタートしてみました。すると、7→11→17→26→13→20→10→5→8→4→2→1となりました。また、15でスタートしてみました。すると、15→23→35→53→80→40→20→10→5→8→4→2→1となりました。

このことから一番目の人は、Nという数からはじめた場合、「求めていることは（知りたいことは）最終的にNより小さな数が得られる（究極的には1）ことを示すことだ」と言って試しはじめました。

推論は、すべての数は、偶数か、4の倍数よりも一つ大きい（4M＋1）か、あるいは4の倍数よりも一つ小さい（4M－1）かのどれかであることに気づくところからはじまりました。そして、次のように推論を展開しました。

もしNが偶数なら、次の数はかならず小さくなる。

もしNが4M+1の形なら、次の数は6M+2（偶数）になり、その次の数は3M+1になるので、4M+1＝Nよりも小さくなる。

上記以外、Nは4M－1なので、これ以上は進まない（小さくならない）。

◯ウーン！

二番目の人は、「すべての整数Mは『2の累乗×奇数』の形で表せる[8]」と言って、やりはじめました。

$M = (2のS乗) \times P$　（Sは0以上の整数、Pは奇数）

とすると、

$$\begin{aligned}
4M-1 &= 4 \times M - 1 \\
&= 4 \times (2^S \times P) - 1 \\
&= 2^2 \times (2^S \times P) - 1 \\
&= (2^2 \times 2^S) \times P - 1 \\
&= 2^{2+S} \times P - 1
\end{aligned}$$

ここで、$T = 2 + S$と置くと、$(N=)\,4M-1$は$2^T \times P - 1$で、Tは2以上の整数です。ここから、次の反復する数は以下のようになります。

---

[8] 例えば、$100 = 4 \times 25 = 2^2 \times 25$（25は奇数）、$99 = 1 \times 99 = 2^0 \times 99$（99は奇数）、$24 = 8 \times 3 = 2^3 \times 3$（3は奇数）のようにです。

$3N = 3(2^T × P − 1) = 2^T × 3P − 3$　（3Pは奇数）

$3N + 1 = 2^T × 3P − 2$

$(3N + 1) / 2 = (2^T × 3P − 2) / 2 = 2^{T−1} × 3P − 1$、これが次の反復する数

　3Pは奇数で、（T−1）は1以上なので、次の反復する数は4M−1の形になります。（T−1）=1の時は、$2^{T−1} × 3P − 1$ は「6P−1」です。これは奇数で、奇数は4M＋1か4M−1の形を取ります。しかし、6P−1は4M−1の形ではないので、4M＋1でなければなりません。ということは、オリジナルの数から（T−1）回反復すると、それは4M＋1の形の数になるということです。

「あなたはどう思いますか？　そして、なぜですか？」

● ウーン？
・あなたは二つの論証を確かめたか？
・それらが示していることを、あなたの言葉で言い表したか？
・それら二つの結果は整合性が取れているか？　それは本当か？

　時として、解法を見つけだしたと思ったときはとても興奮します。そして、それによって、自らの解法に批判的であること（つまり、「内なる敵」が何かを言うこと）を忘れてしまいがち

第5章 問題に取り組む——証明する　181

となります。証明のすべての要素が、しっかりと確認されることが大切です。

○解法

一番目の人の論証は、$4M+1$の形の数はあとで小さくなることを示していますが、その（小さくなった）数は$4M+1$の形を維持するとは限りません。

一方、二番目の人の論証は、$4M-1$の形の数は最終的には$4M+1$の形の数になることを示していますが、その過程で、数はどんどん大きくなる可能性もあります。したがって、すべての数が小さくなるか否かも、$4M+1$の形になるか否かも定かではありません。

しかしながら、2人の論証は、$4M+1$の形の数が最終的により小さな数になることを証明すればいいので、継続して取り組むことの価値も示してくれています。不幸にも、これはオリジナルな問題と同じぐらいに難しいですが、問題の核心に迫っています。

こうした、ためらいながらの試みが新しい目標や質問を生み出してくれるのです。オリジナルな問題よりも具体的なので、いずれかが解法に導いてくれるかもしれません。時に問題は、オリジナルな問題の焦点をぼやけさせたり、忘れさせたりすることがあります。そして、補完的な、あるいは修正された長い質問のリストをつくり出すことになるのです。

「自分のなかの敵」を使いこなせるようになると、証明するとき以外の思考の各段階においてとても使い道があります。なぜ

なら、隠れた前提が入り口や取り組みの段階の進展を阻むからです。

「**ユリーカの配列**」という問題では、隠れた前提を見つけだそうとするのは、ルールには偶数が関係すると誰もが思っていることに気づくことでした。そして、それは本当に関係があるのかという疑問をもつことです。

一方、「**正方形に分ける**」という問題では、正方形の大きさがすべて同じであるとは言っていないことに気づくことでした。こうした隠れた前提に気づけばよく見えるようになるのですが、隠れている間は見えにくいものなのです。

以下に紹介する伝統的な問題は、隠れた前提は「勝手な思い込み」ですから、問題を解く者の邪魔をしたり、脱線させたりします。

問題・隠れた前提

①縦に三つ、横に三つ(きれいに正方形)並んだ九つの点を、四つの直線ですべて結びます。しかも、一筆書きで(鉛筆を紙から浮かすことはできません)。

②川を渡りたい3人の男が、手づくりの筏(いかだ)を持った2人の男の子に会いました。筏には、1人の男か2人の男の子を乗せることができます。3人の男は川を渡ることができるでしょうか?

③6本のマッチ棒で四つの正三角形をつくりなさい。

④六つの正方形をつくるには、何本のマッチ棒が必要でしょうか?

これらのパズルはとても悩ましく、ようやく答えを見つけたり、あるいは明らかにされたときは、「なんてこと！」と思わせられたり、騙されたような気持ちになります。この反応の強さは、隠れた＝勝手な思い込みという前提がどれだけ強いかを表していると言えます。

　隠れた前提と予想との違いに気づいてください。予想は、正しいか間違いなのかがまだ分からない推測です。それに対して隠れた前提は、その影響を認識するのが難しく、進展を阻む暗黙の制約条件となります。

まとめ

「何か」を予測するのは容易ですが、「なぜ」を理解するのは難しいものです。「なぜ」に満足のゆく形で答えるためには、最も批判的な読者さえ納得するであろう証明を提供することになります。これを実現するには、知っていることと知りたいことを結びつける、いくつかの基本的な構造に対する理解が前提となります。

　証明は、そのつながりの明確な表現です。説得力のある証明かどうかを確かめるのはとても難しいことです。自分の予想に対する健全で前向きな疑念をもち、予想に反する事例を積極的に探し求め、自分自身と他人の論証に批判的であることを学ぶという行為はとても重要です。

　また、納得の３段階である「自分を納得させる」「友だちを納得させる」「敵を納得させる」については、第７章で、自分

のなかの「敵」も含めた自分のなかのモニター（監視役）になるという考え方を膨らませて説明します。

以下の図は、この章がこれまでの章とどのように関係しているかを示しています。

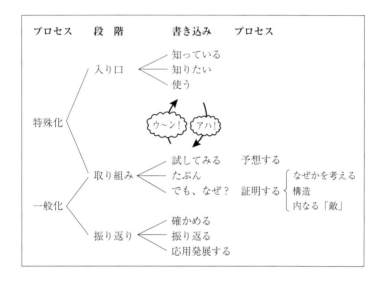

参考文献・Wason, P.C. and Johnson-Laird, P.N. (1972) *Psychology of Reasoning.* London: Batsford.

第 6 章
まだ行き詰ったまま？

　これまでの章で紹介したアドバイスをすべて試したあとに起こるのが本格的な思考です。本章は、その準備のための章となります。いまのままでは問題を解くことが難しいと思いはじめているでしょうが、見かけによらず（？）、あなたの思考は意識下で続いているようです。それを有効な思考にするために、あなたにできることがいくつかあります！

　これまでの章で紹介した提案をすべて試したにもかかわらず、依然として行き詰まりの状態である場合、何ができるでしょうか？　すべての計算は行われ、すべての考えられる事例（特殊化）は可能な限り系統だった形で試され、行ってきたことにエラーがないか確かめられたら、次は何ができるでしょうか？

　いまこそ、真の思考に取り組むチャンスです。あなたの問題は大きな課題となりました。問題に取り組むのではなく、問題があなたのなかでくすぶり続けることでしょう。何を意味しているのかを詳しく説明する前に、これまでの章のアドバイスはすべて行ったかどうかを確認する必要があります。例えば、他にすることが考えられなくても、時には単純な計算間違いを見つけることもあります。

とても難しい問題に取り組んでいるときは、もちろん注意をして、何らかのパターンを探そうと、大掛かりな特殊化を行うことでしょう。でも、特殊化を意図的に行わないときでも、あなたは以下の選択肢のなかからやることを選べるのです。

・問題を諦める。

・しばらくの間、脇に置く。

・そのまま続ける。

本当に選択できるのですから、これらの選択肢を軽く見てはいけません。一般的に起こることは、注意が他のところに行ってしまい、問題の記憶が薄れるか、逆に問題があなたを離さないかのいずれかです。

もし、あなたが問題を諦めることを選んだら、それで終わりです。しかしながら、休眠状態としておけば、新しい事実や異なる状況において似たような問題に遭遇したとき、意識が戻ることがよくあるものです。

とはいえ、あなたを離さない力が問題に働いている場合は、無駄なアイディアを繰り返し試さないための具体的な行動をとる必要が出てきます。

具体的にできることは、「積極的に待つ」といったより巧妙な方法となります。以下の三つの方法があります。

・問題の本質を抜き出して、より明らかな問題にする。

・意図的にじっくり考える。

・より徹底した特殊化と一般化を試みる。

問題の本質を抜き出すこと、じっくりと考えること

　要求の高い問題に共通している特徴の一つは、頭の中に留めておくことができるぐらいに不必要な要素を取り除いて、簡潔なエッセンスに絞り込まれている状態です。すべての特殊化の役割は、真の問題は何かという強い感覚を得るための手段です。ゆえに、その感覚があなたの頭の中を覆いつくすまで、じっくりと考える用意ができたとは言えません。

　過去の体験と、もっている一般的な数学の能力に依存しているので、この状態の具体的な例を示すことは困難となります。これまでの章で紹介した問題の一つ、例えば**「連続する自然数の和」**（第4章）は、問題を解く計画を練り、さらに練り直し、そしてその形を変えることを受け入れたあとで、あなたを次のような状態にしていたのではないでしょうか？

　　どのような特性が、連続する自然数の和になるすべての数を一つの方法で、二つの方法で……結びつけるのか？

あるいは、次のような状態かもしれません。

　　連続する自然数の和をもたらさないことが分かっている2の累乗は、どのような特性をもっているのか？

　あなたがこのような体験をしていない場合のために、じっくりと考える必要のある古典的な問題を紹介しましょう。

> **問題・切り分ける**
> チェスボードの四つのマスのうちの、対角線上にある二つのマスが除かれました。マス（正方形）二つ分の大きさのドミノ[(1)]で、残りのマスを覆いつくすことはできますか？

「さあ、すぐに試してみてください！」

● ウーン？
　・本当に取り組んだか？　小さなボードを試したか？

　たぶんある時点で、なぜだか理由は分からなくとも、あなたはできないと判断するかもしれません。問題を読み直すことで、チェスボードについての問いではないことに気づくはずです。真の問いは、チェスボードとドミノとの関係は何なのかになりました。これが、問題の本質を抜き出すという意味です。
「**切り分ける**」という問題は、自分でアイディアが見えるか、それとも誰かに教えられるまでは完全に曖昧な問題となる、とてもよい例だと言えます。でも、一度見えたら、すべては明らかになります。

　実のところ、それほど時間をかけるような問題でもないのです。なので、さらなる提案は以下のようになります。
　・削除された正方形の色は何色だったか？
　・ドミノは、チェスボードの色に何をするか？[(2)]

もし、あなたがそれを見たり、色の使い方に気づいていなかったとしたら、あなたの反応は「あら、まあ！」か、あるいは「もちろん！」ということになるかもしれません。それはトリック（手品）のようにも思えますが、誰の助けも借りずに自分で考え出せたときは、「やった！」という高揚感を味わうかもしれません。

　しかしながら、いま私の関心はトリックのためではなく、自分で考え出すための準備にあります。でも、色の違いを使うアイディアは単純にトリック以上のもので、多様な問題（第4章の問題「**重い椅子**」を覚えていますか？）を解決するための方法に使えます。

　もし、色の違いを使うアイディアを見いだし、そして振り返りの段階で鍵となるアイディアとして捉えられたら、それは他の問題に取り組む際の効果的な手段として利用が可能であることを意味します。

　突然、あなたは「**切り分ける**」と「**重い椅子**」という問題の間に共通点を見いだし、すぐに色の違いを使うというアイディアを思いついたことでしょう。

　じっくりと考えるには、効果的な活動があります。それらは、すべて同じテーマの変形です。目的は、できれば他の誰かに対して、問題の核心をできるだけ明快に、しかも簡潔に説明することです。私自身これまでに、そうすることで妨害していたも

---

(1) 正方形を二つくっつけた形をした牌で、ドミノ倒しに使うもの。
(2) この二つの質問については、「チェスボード画像」で検索して、実際のチェスボードを見ていただくと理解できると思います。

のに気づけるというきっかけが得られたことが何度もあります。しかも、聞き手が一言も口に出すことなし、にです。

　それには、問題とつながる努力と、それを友人にはっきりと伝えるといった努力が必要となります。友人が存在しない場合は、試した特殊化、予想、そして反例など、問題について知っていることをすべて書き出すことが効果的となります。書き出すことによって、間違いや抜け落ちたところ（専門家もよくこれをやらかします！）を確認しやすくなりますし、さらなる効果も期待できます。

　もし、しばらくの間、問題を棚上げしたほうがいい、あるいはその必要があるときは、もちろんあとで戻ってくればいいだけです。実際、頻繁に書き込みをしておくと、あとで戻ってきたときに思考の流れにすぐ乗ることができます。

　問題の本質を抜き出す段階で書くことは、これまでの章で紹介した、２種類の書き込みの面白い組み合わせとなります。一つは実況解説的な書き込みで、もう一つは振り返りの段階でつくった洗練された最終レポート的なものです。

　書き込みに記されているように、失敗した試みも記録に残しておくと、あとでそれを繰り返さなくてすみます。一方、試されたそれぞれの思考の流れについてできるだけ洗練し、かつ消化した形で、それぞれの前提も示しながら論理的にかつ明確に表現することも大切となります。

　これらすべてを、あなたは他人のためではなく、自分のために行っているのです。何と言っても、問題がそれを必要としていますから。

知っていることをすべて書き出し、友人も見いだし、そして重要な問題の本質を抜き出したあとに、じっくりと考えるという行為がはじまるのです。まだ進展は見られませんが、見通しが暗いわけではありません。いまとなっては、暇なときにメロディーが繰り返し頭の中に響くように、問題を他のことよりも優先的に考えるようになっており、「じっくりと考える」ことが真の友だちになっていることでしょう。

　取り組みの段階は、アイディアが「ひらめくのを待つ」時間に転換しました。これは、決して受動的なプロセスではありません。かといって、能動的であるとも言いかねます。正確に言うと、「すること」と「しないこと」の微妙なバランスが必要なのです（これ以降の「する」と「しない」ことについては、資料の290ページも参照してください）。

　ひらめきを待つときには、フラストレーションと高揚感の両方を味わうことになります。真に新しいアイディアが必要なときに古いアイディアに固執することは、可能性を妨げてしまうので弊害になる場合があります。もちろん、古いアイディアが機能しないことを証明するのは難しいわけですから、それを使いたくなる誘惑は常にあります。

　もし、あなたが何かをしなければならないのなら、私からの提案は、新鮮な空気を吸うことと身体を動かすエクササイズをすることです。それによって、少なくとも血液と酸素の流れはよくなります。気分転換のために異なる活動をすることは、しばしば助けとなるのです。

「問題」を頭の隅に置いたまま、何か新しい経験をしていると

き、突然、ひらめくことが多いものです。したがって、「する」部分は、最初に食べるイチゴを口の中で味わうように問題をじっくりと考える形で行います。問題のいくつかの要素をジャグリングするように扱うことで、新しい組み合わせや関連がつくられます。

一方、「しない」部分は、古い土俵で考えることを避け、アイディア同士が独自に何かを生み出せるようにします。この段階は、潮の干満のように問題があなたの意識のなかを行ったり来たりする状況で、自分が主体的に動くというよりも、単に参加しているという感覚になります。

予期されるように、思考のこの要素が最も興味をそそられる部分であることはたくさんの著者たちによって述べられています。そして、行き詰まり状態から解放されるための最善の方法は、これまでに試されたものをはるかに超えた極端な「特殊化」と「一般化」であることも指摘されています（詳しくは、次の「特殊化と一般化」の節および第1章と資料の282ページを参照してください）。

特殊化と一般化

時には、辛抱強くじっくりと考えることが求められているにもかかわらず、何かをしたい、あるいはこれまでとは違ったことをしたいという切望に駆られることがあります。そんな場合、より具体的にすることで問題を変えてみたり、あるいは何らかの進展が見えるまで条件を変えてみたりして、最も極端な特殊

化を試みるのがいいでしょう。

　どのようにしたらいいかについては、そう簡単に分かるものではありませんが、基本的なメッセージは以下のとおりとなります。
「いまの問題を解けなければ、解けるまでそれを簡素化（特殊化）してみることです」

　不幸にも、研究者たちのなかには急いで進展を図ろうとするあまり、元々の問題を忘れてしまう人もいます。これまでの問題は、極端な特殊化を必要とするものではありませんでした。**「切り分ける」**という問題で小さなチェスボードを試してみるという提案は、苦肉の策として多くの人が思いつく方法ではないかもしれません。でも、2×2のボードで角が欠けているもの、そして次に3×3と試してみれば、基本的な考え方が浮かんできます。

　問題を扱いやすくするためのもう一つの方法は、他の問題との共通点を探すことです。問題のある特徴的な側面に焦点を当てることになりますので、特殊化と一般化の組み合わせがこれには必要となります。

　もし、あなたが自分の思考を振り返っていたとしたら、たくさんの理解しやすく有益な経験を蓄積しているので、そのなかから共通点を探し出すことは容易でしょう。言い換えると、成功となぜそれが成功したかを振り返ることが成功を増殖させるということです。

　本章で提供してきたアドバイスと同じように、明確な共通点

を見いだすことは、（経験に即したもの以外は）とても困難です。これまでの章に含まれていた事例のなかには、次のようなものが含まれています。

- 足して15——共通点は、足して15になるものと魔方陣の関係の構造です。
- **ホットプレートで早くパンを焼く方法**——「**横長の細い紙**」という問題との似た点は、両方とも実際に紙を使ってみることです。
- ハチの系図——「カエル跳び」という問題との似た点は、なぜ自分の予想は正しいのかを問うことであり、正しいと思える答え（式）を見いだしただけでは満足しないことです。

遭遇するであろう様々な問題について、考えたことを振り返るという練習をすることで、他にもたくさんの事例を知ることができます。

特殊化がアイディアをつくり出せないときの有効な活動として、一般化は見落とされがちとなります。時には、不必要な詳細を除いて、より抽象的に表現することで問題が明確になることがあります。

一般化は、問題を注意深く見ることで、様々な制約要因がどんな役割を果たしているのかを見えるようにしてくれます。一つか二つの制約要因を取り除くことで、問題が容易になるかもしれません。

「連続する自然数の和」という問題でいくつかの特別なケース

を試したとき、確実にパターンが存在していると思っていたのに、一つか二つの事例で失敗したというのはこのことを示しています。

$$5 = (-1) + 0 + 1 + 2 + 3$$

この式は、五つの連続する整数の合計が「5」であることを表しています。一方、次の式は、七つの連続する整数の合計が「7」であることを表しています。正の整数に限定するという制約を一時的に取り除くことによって解法が見いだせました。

$$7 = (-2) + (-1) + 0 + 1 + 2 + 3 + 4$$

隠れた前提

問題にはっきりと書かれているすべての明らかな前提を調べたら、いくつかの必要のない、しかもあなた自身がつくり出した隠れた前提がまだあるかもしれません。

もちろん、それらを見つけることは極めて厄介なことです。なおかつ、それらは行き詰まりの状態をつくり出している最大の要因ともなります。

自分のやり方に固執してしまうと、それを排除することはとても難しいものとなります。第5章での**隠れた前提**の問題として、これらの典型例を紹介しました。そのうちの一つを再掲しましょう。

> **問題・九つの点**
> 縦に三つ、横に三つ（きれいに正方形に）並んだ九つの点を、四つの直線ですべて結びます。しかも、一筆書きで（鉛筆を紙から浮かすことはできません）。

「さあ、試してみてください！」

◉ウーン？
　・何か、必要でないことを前提にしていないか？
　・線の長さがどのくらいかという制約はあるのか？

　この問題は広く知られていますが、アダムス（James Adams・スタンフォード大学名誉教授）という人がこれの隠れた前提の全容を明らかにしました。なかには、一つの前提を無視することで3本の線で描いた人もいましたし、さらには1本の線でやり遂げた人さえいます。
　ぜひ、考えてみてください(3)。じっくりと考えるあなたの機会を損なうことになるので、私はアドバイスをしません。
　隠れた前提が「九つの点」のようなパズルを面倒にしていますが、パズルに限定したものではありません。隠れた前提は、私たちの見方の根底にあります。時々、隠れた前提が明らかにされ、それによって数学的な探究の流れや方向が変わります。例えば、以下の問題を考えてみてください。

問題・正しいか、間違いか？

以下の文が、正しいか間違いか判断しなさい。
①このリストの2番目の文章は正しい。
②このリストの1番目の文章は間違っている。
③このリストの3番目の文章は間違っている。
④このリストの4番目の文章には、二つの間違いがある。

● ウーン？

・系統立ててアプローチをする。もし、文章が正しいなら、何を推測することができるか？
・4番目の文章には特別な配慮が必要！

最初の三つの文章は、正しくもあり、間違いでもあるように見えるので、純粋に矛盾しているかのように思われます。基本的なアイディアは、それらは自らのことに言及しているということです。こうした問題は、少なくとも2000年の間、人々の興味を惹き付けてきました。多くの人がこのような問題を解こうとしたのです。

普通のアプローチは、何らかの形で筋が通っていないために、排除することで矛盾をなくそうとすることです。文章は言葉で構成されており、言葉の意味は読み手によって構築されます。

---

(3) 『メンタル・ブロックバスター：知覚、感情、文化、環境、知性、表現…、あなたの発想を邪魔する6つの壁』ジェイムズ・L・アダムス著、大前研一監修、プレジデント社、2013年の55〜63ページを参照。

「このリスト」が何を意味するのかは確かでありませんし、相互に、あるいはそれ自体について言っていることも、本当に正当性があるのかどうか分かりません。しかしながら、他に取り得る方法として、どのような隠れた前提をもってしまったかを見いだす方法があります。

　数学者・論理学者のクルト・ゲーデル（Kurt Gödel, 1906〜1978）は、この前提について1940年代に問いました。そして、数学的思考に革命を起こしたのです。手短にゲーデルは、数字についての文章をつくり出しました。それは自己言及的で、次のように解釈できます。

　　「この文章を証明することはできません」

　ゲーデルの考えにおける帰結の一つは、数学的問題のなかには新しい前提をつくり出さない限り解決できないものがあるというものです。隠れた前提は、常に私たちと共に存在します！より詳しく知りたい方は、『ゲーデル、エッシャー、バッハ あるいは不思議の環』（ダグラス・ホフスタッター／野崎昭弘他訳、白揚社、2005年）を参照してください。

　不必要な前提がいろいろと伴うことで、自分のやり方が固定化するということはよくあります。まさしく、固定化されるということは変化を難しくするので、それを排除するにはとても困難を伴います。

　問題の細部を注意深く分析しつつ直接的に取り組めば、文章化された部分の前提のみが明らかになります。しかし、それは、異なる視点の可能性を明らかにはしてくれません。これが、「じ

っくりと考える」ことが「することとしないこと」(資料の290ページを参照) の両方を含むゆえんとなります。

　視点の転換やひらめきが得られやすいのは、真剣で直接的な取り組みを放棄したあとです。それは問題と対立することからではなく、障害物を取り除き、他のアイディアと共鳴することで得られます。またそれは、すべてを問う極めて懐疑的な目を自分がもつことによって可能となるのです。

まとめ

　本章は、これまでの章に比べて説明的でした。型どおりの思考はすべて試し、そして何とか解決したいというコミットメントがあるときのベストのアドバイスは、頭の中で考え続けられるぐらいに絞り込んだ問題にして、じっくりと考え続けることです。

　知っていることを書き出し、友人にそれを説明することで障害物は取り除かれます。また、別の方法として、他の問題との共通点がないかとアンテナを張ったり、隠れた前提にとらわれていないかを問うたりすることも挙げられます。

　本章で紹介したような、本当の思考を体験するには、前に解こうと努力したにもかかわらず、まだ完全には解けていない問題 (特に苦しめられた問題) に戻ってみることをおすすめします。

　第4章に掲載した問題「**円周とピン**」は、長年にわたって私を苦しめました。たぶん、いまとなっては、それが私のお気に

入りの理由だと思います。あるいは、本章で紹介した問題「**九つの点**」を一般化することに挑戦してもいいかもしれません。

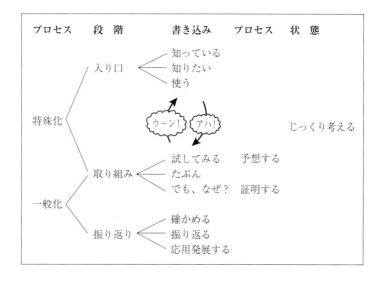

第 7 章
内なるモニターを育てる

 これまでの章では、数学的に思考する方法を紹介してきました。でも、本に方法が書いてあるだけではあまり使い道があるとは言えません。特に、問題を解こうとして行き詰まり状態に陥っているときには。

 どのアドバイスが最も効果的かを本のなかから選ぼうとする行為は、数学の問題を解く場合と同じです。これまでに記した私のアドバイスは、可能な限り、質問か激励といった言葉によって行われていたことに気づかれたと思います。

 その理由は、具体的なヒントだとあなたから考える機会を奪ってしまい、それらのヒントをつくる基となったきっかけの重要性を覆い隠してしまうからです。さらには、ヒントの存在そのものが、「数学というのは、あの手この手を使って解き明かすもの」というイメージを補強してしまうからです。

 このような考え方は適切ではありませんし、受け入れることが私にはできません。あなたが行き詰まっていたら、あるいは本当は行き詰まっていないときでも、あなたに必要とされるのは、役立つ質問をしてくれ、再び前に進めるようにしてくれるチューター（個人的な指導者）という存在となります。

本章では、あなたの内なるチューターがパワーと効果を増すプロセスを紹介していきます。

本書におけるここまでの主眼は、私のアドバイスを読者の体験に関連づけることでした。すでに紹介した問題は、私のアドバイスとあなたの経験を関連づける形で数学的に思考するための、直接的な経験を提供することが目的でした。その観点からすれば、**振り返り**がおそらく最も重要な活動と言えるかもしれません。

「学ぶ唯一の方法は経験をすることである」と、しばしば言われますが、経験だけでは不十分です。経験は、痕跡を残さなければ意味がありません。鍵となるアイディアや節目について**振り返る**ことは、問題を解くなかでの重要な瞬間を強化してくれ、あなたの思考のレパートリー（人が得意とする範囲）として、解法を自分のものにするために役立ちます。

第5章では、あなたの論証の穴を見つけたがっている「内なる敵」ないし「疑い深い人」の存在を紹介しました。この第7章では、その「内なる敵」という捉え方を（常に存在し、いくつかの異なる役割を担う）「内なるモニター」に押し広げていきます。その

役割を説明したあと、モニターが成長し続けられる仕組みに焦点を当てて説明していきます。

モニターの役割

これまでの章で私は、あなたの頭の中で起こる思考の様々な側面についてあなた自身が自覚できるように、数学的思考のプロセスをできるだけ具体的に説明してきました。私が紹介したプロセスや活動で、特に変わったものや新しいものはありません。

数学的思考のすべては、自然に、ほとんどの場合は意識されない形で、誰の頭の中でも起こります。意識的になり、かつ適当な状況下でどのように効果を上げられるかという視点で見ることによって、数学的思考は前よりも頻繁に、そしてより強く起こるようになります。

さて、ここからは、いままでとは異なる見方を提供します。あなたのなかに自らをモニターしている独立した主体が存在するかのごとく、数学的思考を伴う活動を説明していきます。

このモニターは、あなたの思考と行動を内側から知り尽くしているという利点をもっているため、あなたのことを見守り、的を射た質問をしてくれる、あなた専門のチューターのように振る舞うことになります。このモニターには、どんなことができるのでしょうか？

❶問題と関連していることを確認しつつ、計算に目を光らせています。長い退屈な計算が、真の問題からあなたの目を逸ら

せ、横道や袋小路に追いやったりすると、モニターはあなたに、そのまま続けることに対して疑問をもつように働きかけます。

❷問題の脇道に逸れすぎないように、「試してみる」などの計画を遂行するために目を光らせています。気が進まない状態や不安が募るときは、モニターが行動を起こしていることを表します。

❸たとえ一時的で不正確な一般化も予測として捉え、「知っていること」を、「知りたいこと」と「たぶんそうかもしれないと思っていること」に見分けます。

❹思いついたアイディアを追求するだけの価値があるかどうかを評価します。問題を解くのに必要ないと思えるたくさんの計算を拒絶することは、モニターが活動をしている証拠です。問題に取り組む前に計画やアイディアについて考えることは、モニタリングの重要な機能です。

❺いつ「ウーン！」の状態になったかに気づきます。その状態を意識することによって、行うことを変えることができます。

❻より系統立った特殊化をしたり、異なる見方や図表、そして表記を導入したりすることによって、「知っていること」と「知りたいこと」を明らかにするべく入り口の段階に戻るようにすすめます。

❼異なる基本的なパターンを求めて、違った方向に一般化を試みることによって、取り組みの計画を変更するようにすすめます。

❽考え違いや隠れた前提、そして論理的な誤りがないか、論証

を批判的に検証します。
❾作業を終える前に、解法の振り返りをするように促していきます。

このように、モニターにはたくさんすることがあります。でも、「それではまだ足りない」とあなたが言うなら、もう一つの重要な役割があります。ただ、これについては第８章で取り上げることにします。
❿数学的思考の範疇でも、数学以外のあらゆる分野でも、視野を広くして、起こっていることから刺激を受けて新しい質問を投げかけます。

私が、以下に挙げる二つの違いを明らかにしていることに注意してください。
「考えることに熱中している」と「熱中している状態をモニターしている」
これは、思考のプロセスとそのプロセスを意識することとの違いを表し、その意識化を可能にする振り返りの重要性を強調しています。

本書で提示されている問題に対する自分の解法を意識的に振り返ることは、上記の違いについて認識を高める効果をもたらします。最初に振り返ったとき、努力して思い出さなくても、いくつかの節目が際立っていることがあります。努力し続ければ、時には自分の思考プロセスについての節目が意識できるようになるのです。

感情のスナップ写真

　自分のなかのモニターを育てるためには、効果的な振り返りを伴ったたくさんの練習が必要です。問題に取り組むという練習を行い、成功体験の蓄積をつくり出せたときにこそ価値があるのです。

　行き詰まった状態を乗り越えることが、肯定的な態度や自己イメージをつくり出し、成功体験の蓄積が将来的にいいアイディアや肯定的な態度を生み出すもとになります。

　いつかはあなたも行き詰まり、そしてアドバイスが欲しくなるはずですので、「行き詰まること」と「それを乗り越えること」が大切となります。それらのアドバイスの源は、これまでに取り組んだ問題を効果的に振り返ることなのです。

　振り返るには、判断したり、脚色したりすることなく、実際に起こったことを

　　気づく
　　　　認める
　　　　　　はっきりさせる
　　　　　　　　自分のものとする

必要があります。決めつけてしまうことは、消極的にさせたり、本当に何が起こったのかという情報へのアクセスを妨げることになります。その結果、自己正当化することに忙しくなり、学べることがほとんどなくなります。

脚色や必要以上の説明は、内なる気づきの節目ではなく内省的な特徴の表れで、両方とも信頼性のある情報を提供してくれません。判断と脚色は、覆い隠すか、自分がコントロールしたいというエゴによってもたらされます。最終的には、あなたしか知りえないことですから、自分自身にどれだけ正直でありえるかにかかってきます。

　これまでの章で私は、「気づくこと」と「鍵となるアイディアや節目を記録すること」の大切さを強調してきました。それらは鮮明に残る出来事であり、「私は……したに違いない」とか「たぶん私は……」といった形で再現する必要もありません。鍵となるアイディアや節目があなたの感情に影響を及ぼしているため、内なるモニターを育てる際には効果的となるのです。

　鍵となる節目を思い出すとき（再構築するのではなく！）、あなたはそのときに感じていた感情もはっきりと思い出すはずです。振り返ることによって、自分が起こした行動、つまり思考プロセスとあなたの感情を関連づけることができたなら、そのときの行動を思い出すだけではなく、過去において助けになったアドバイスも思い出すことになります。

　仮に、他の問題に取り組んでいたとき、あなたの感情が過去の感情と共鳴したら、あなたは役に立つアドバイスを手に入れられることになります。したがって、役に立つかもしれない問題やアドバイスをたくさん暗記する必要はありません。振り返りの仕方の有効性にもよりますが、あなたの記憶のなかに、ほぼ同じレベルで入手できるように収納されていくのです。

　書き込みは、以上のことを可能にするための手段です。何か

が起こったとき、それを明らかにし、あなたのなかで育ちつつあるモニターに介入するスペースを提供するのです。もし、あなたが取り組むことに熱中しすぎていると、モニターが働く機会がなくなってしまいます。書き込みは、あとで行う振り返りを活性化するための材料も提供してくれるのです。

　内なるモニターの成長を刺激する仕組みは、「書き込み」と「鍵となるアイディアと節目の振り返り」を意識的に使うことです。それらの節目についての思い出は時間と共に忘れてしまいますので、その節目の感情を写真に撮っておくという方法を学ぶ必要があります。

　そうすることで、あとで鮮明に思い出すことができます。感情こそが鍵となる節目と、それに関連するアドバイスを引き出してくれるので、私はこの写真を「感情のスナップ写真」と呼んでいます。

　どのような鍵となる節目が、写真に撮っておくだけの価値があるのでしょうか？　そして、それはどうすればいいのでしょうか？

　思考が展開しているときに起こっている特徴的な状態に気づき、それを写真に撮ることをおすすめします。個々の状態は特徴的な趣があり、それらを分かりやすくするために、それぞれにキーワードをつけます。スナップ写真がたまると、キーワードは言葉には容易に表せないような深みを増し、やがてそのキーワードが引き金となります。

　キーワードが表す状態を認識できたら、似たような状況における関連したアドバイスと共に多様な関連事項がよみがえりま

す。あなたの親しい誰か、つまりあなたの内なるモニターがあたかも助けてくれているようになるのです。
　私が使っているキーワードは次のとおりです。
❶はじめる
❷実際に取り組む
❸じっくり考える
❹やり続ける
❺ひらめく
❻懐疑的になる
❼検討する

　これまでの章で提示した問題と関連づけますが、これらのキーワードに必要最低限の補足説明を加えるために、心理的な状態に明確な定義を与えることはとても難しい、ということを心に留めておいてください。イメージやたとえが特徴的な趣を伝えることに使えますし、解法に直接言及することも助けになります。
　ここで留意すべきは、あなたが簡単だと思った問題や、不可能だと思った問題は、すべてが突如起こったり、逆に何も起こらなかったりするので、特徴的な趣（状態）は示さないということです。
　これまでに提示した問題のいくつかが、両方のちょうど間であったことを願っています。あなたは考え（思考）ではなく、感情をこれから捕まえようとしていることを覚えておいてください。

1 はじめる

　この状態はあまりにも明らかすぎて扱う必要もないと思われがちですが、じつは、最初の印象とは裏腹にたくさんのことがあります。取り組みをはじめるには、問題があると認識し、それを受け入れる必要があります。でも、数学は難しく、数学的思考は「頭のいい人」しかできないという通念があるので、頻繁に感情が割り込んできて、認識することと受け入れることを妨害してしまいます。

　これまでの章で取り組んだ問題は、蔓延していた間違った見方を削ぎ、あなたに自信を与えたはずです。**はじめる**は、問題がいったい何を問うているのか明らかにして、詳細を熟知し、問題全体の感じをつかむ時間となります。

　最初、問題は紙の上、つまりあなたの外にあります。おそらく、これまでに紹介した問題のいくつかは、あなたの興味を引かなかったことでしょう。例えば、第5章の問題「**マッチを使って**」の二つは嫌いだったかもしれません。ひょっとしたら、あなたはもっと実用的な問題を好んでいるのかもしれません。

　高い確率で、第2章の問題「**封筒づくり**」や第4章の問題「**足して15**」には、正解が存在しないことからあなたは取り組まなかったかもしれません。そしておそらく、第2章の問題「**はい**

回る虫たち」や「ご婦人たちの昼食会」は、視野が狭いか人工的すぎると思われたことでしょう。

　人は誰しも、ある特定の瞬間に興味がもてる範囲があり、その範囲のなかに入る問題にしか取り組めず、残りの問題には興味をもたないものです。一方、よい成績を取ることやそれを早く済ませたいといった外部の圧力によって、そのときの興味が左右されることもあります。その理由が何であっても、はじめない限りは進展が望めないことだけは確かです。

　これまでの章を振り返って、あなたにとって魅力的な問題と魅力を感じなかった問題を思い出してください！[1]
「さあ、やってみてください」

　ある特定の問題に対するあなたの考えをどれだけ正当化できようと、問題に対する好みはあなたの何かを反映しています。そして、その何かは、確かめる価値のあるものです。あなたが魅力的だと思った問題に共通するものは何ですか？　また、魅力を感じなかった問題の共通点は何ですか？

　はじめるは、マッチ箱からマッチを取り出して、火をつけるときの動作と同じようなものです。火をつけようとするときには無意識ですし、なんのコミットメントも伴わないうえに取り返しのつかない行為ともなりません。同じように問題が現れた

---

[1] 日本の国語（読み書き）教育には、選書と題材選びの要素がまったく欠落しているのですが、なんと算数・数学教育においてもまったく同じことが言えそうです！　つまり、誰が問題を選ぶのかが極めて重要だということです。

とき、あなたの興味と共鳴して取り組みはじめるかもしれませんし、そうでないかもしれません。

　もし、問題が常に外の供給源から提供され、はじめるための刺激も外部の圧力しかない場合は、実際に取り組もうとする際、強い拒否反応も含めて否定的な態度が生まれる可能性が十分にあります。

　事実、学校には学ぶことにコミットせずに、無関心な子どもたちがたくさんいます。このような状態は、問題をできるだけ早く、しかも苦労せずに終わらせたいと思っている子どもたちが多いということを意味しています。

　ほとんど問題が読まれることがないため、当然、しっかりと頭に入りません。よって、興味が湧く可能性もありません。マッチは擦れば火がつきますが、問題の場合は、興味がそそられないときには「火が消えてしまう」のです。それに対して、火がついてそのまま燃え続けたら、取り組みが「はじまった」と言えます。

　この本で選ばれた問題と設定は、取り組みを渋る感覚をうまく避けるようにしてつくられたものとなっています。例えば、意外なものが問題に含まれていると、**はじめる**きっかけになるものです。しかしながら、最も興味深い問題は、自分自身が問いかけたものです。

　日々の暮らしのなかで問題を認識するということを学ぶのは、それがどんなところからもたらされた問題であっても、その問題に関する理解を広げる最もよい方法となります。この点については、第8章でさらに詳しく扱います。

② 実際に取り組む

はじめるから**実際に取り組む**への移行についてですが、その違いはわずかなものとしか思えませんが、じつは二つの状況はまったく異なるのです。

実際に取り組むは、紙を目の前に置いて、たくさんのことをそれに書き出す活動を意味しています。その目標は、問題を完全に理解することです。

意味や関係を明らかにし、いくつかの特殊化も試して、問題が紙の上からあなたのなかに移動します。つまり、問題があなたのものになるということです。十分な作業が行われ、問題は、あなたの頭の中に留められる本質に絞り込まれます。もちろん、専門的な用語は、誰もが理解できる言葉と付随する事例に置き換えられます。要するに、「私が知っていること」と「私が知りたいこと」が明確にされるということです。

第1章の問題「**スーパー**」では、一つの事例を試すことで値引きと消費税を計算する順番に関係がないことに気づきました。問題に冷静に対処できたことで、突然活動的になって、それはいつでも正しいのか、そしてなぜ正しいのかについて知りたくなりました。したがって、**実際に取り組む**ことは、最初の特殊化や他の活動とは直接関係なく、問題へよりコミットしたくなる度合いが増すことを意味します。

この状況は距離を置いて接していたので、それまでは存在し

ていなかった思考者と問題（人と火）の関係をうまく捉えています。**はじめる**ときには存在していなかったコミットメントを表しているので、マッチを点火するときにたとえることができます。

同じく、第1章の問題「**回文数**」（あるいは、あなたが解くことに挑戦した問題のどれか）では、あなたの注意が問題に注がれ、集中力が徐々に増して考えられたことでしょう。それらの瞬間を思い出してみるとたくさんのことが学べますので、とても価値のあることとなります。

なかには、すぐに熱中できる人、さらには熱中しすぎる人もいます。頭が高速で回転し、アイディアが流れ出しますが、しばらくしたらすべてが収まってしまいます。問題がそんな集中砲火を浴びたら（それも悪くはありませんが）、必要のないエネルギーを使い果たし、いいアイディアも失ってしまう可能性があります。

このような傾向に対抗するための方法は、書き込みをすることでスピードを緩め、いくつかのアイディアを記録することです（「私は……試した」など）。その結果、何をしようとしていたのかを思い出すことができます。

時が経つにつれてすさまじい瞬間を意識し、あなたの内なるモニターがより落ち着いて状況に接することができるように、しばし立ち止まるようにしましょう。自制することを学ぶことで、突然、発火して燃え上がった火に巻き込まれてしまうこともなくなります。つまり、突然流れ込んでくるエネルギーと熱中を、あなたは防ぐことができるということです。

より注意深いタイプの人たちは、時間をかけたがるものです。その人たちにとって**実際に取り組む**とは、系統立てて特殊化を試してみること、図表を描いてみること、表記してみること（60ページを参照）、そして表現を変えてみることなどを意味します。

　この人たちの取り組みは前者と同じくらい熱心なのですが、レーシングカーではなく、道路の舗装工事をする際に使う蒸気ローラーに似ています。とはいえ、すでに点火はされていますから、状況を認識することによって他の問題との関係に敏感となり、だらけた状態にはなりにくいです。

　人がどのように**実際に取り組む**のかに関する個人差は別にして、問題を認識する**はじめる**段階から**実際に取り組む**段階への移行については面白い観察を行うことができます。

　第2章の問題「**ホットプレートで早くパンを焼く方法**」を例として取り上げましょう。

　最初に読んだときは、「問題があるのかな～」と極めてあいまいな感じで、魅力を感じませんでした。しかし、同僚の影響で私の注意は喚起されました。メモ書きをはじめたら、私はすっかりその問題に打ち込んでいました。点火したので燃えはじめたわけですが、マッチを擦ってくれたのは他の誰かだったのです。しかし、その点火がことのほか強かったので、私は取り組み出したということです。

　一方、「**横長の細い紙**」、「**カエル跳び**」、「**重い椅子**」、そして「**反復する**」といった問題のように具体的な活動を伴う場合は、最初の遊んでみることに対する抵抗さえ乗り越えられれば、取

り組みはとても容易になります。

　自由回答形式の問題や状況は差し迫ったような驚きがありませんし、火がうまくつきにくいので、最初のうちは気が乗らないかもしれません。また、算数・数学に対して不安をもっている人たちにとっては脅威となるかもしれません。しかしながら、経験と共に、特に自分が解いた問題を応用発展することで多様な問題が魅力的なものになります。

③ じっくりと考える

　問題がすぐに解ければ、じっくりと考えることがほんの束の間だったり、まったく必要なかったりすることもあるでしょう。しかしながら、重要な問題をじっくりと考える必要が生じるときが必ず来ます。問題が明快で、あなたのものになっていても、新しいアイディアや計画が必要とされるときです。

　このような状況については第6章で詳しく説明しました。そのときにすべきことは、問題から距離を置くことです。入り口の段階は問題と一体になるためどんどん近づくこととなりますが、**実際に取り組む**段階での**じっくりと考える**状況はそれとは反対のことをします。

　ここでは、過去の経験から、似ているか類似している構造の問題を探すことになります。あるいは、何か扱いやすい新しい方法を得るために、問題を特殊化や一般化によって変えるのです。異なる図表で表してみたり、情報を整理し直したり、問題を新しい視点で見る方法を探すのです。

これについてのよい事例は、第4章の問題「**連続する自然数の和**」の［予想5］を立てるところに表されています。私の解法では、特殊化を新しい方法で試みるようにしてくれた奇数の因数の役割について、私がどれだけ考えたかということは示しませんでした。

　ハイキングをする人たちが相対的な位置を確認するために丘を見渡すのと同じく、突き進む前に**じっくりと考える**わけですが、その特徴を表すものとして、取り組みから距離を置くということが挙げられます。

　異なる形で系統だった特殊化に取り組み、まず二つ、次に三つの連続する自然数の和を見てみることで新しい可能性が開けました。ここで紹介している状態は、規則正しい順番で現れるわけではなく、瞬間にしか現れなかったり、あるいは繰り返し現れたりすることがあります。

じっくりと考えるを行う可能性のあるもう一つの問題は、第2章の問題「**不可解な分数**」です。その問題に登場している人たちはすぐに取り組みましたが、間違っていたことを発見して驚いていました。

　もし、あなたも同じルートをたどったとすれば、しばしの間、問題から距離を置いて、異なる方法を探してみてください。そうすることで、新しいアイディアが現れます。あなたのモニターの役割は、活動をはじめる前に新しいアイディアを評価し、**再び実際に取り組む**こととなります。

　ここまでは、**じっくりと考える**際には距離を置くという側面に焦点を当ててきましたが、じつはこの段階には、他のアイディアを探す行為としてうまく表現されている「染み込ませる」や「とろとろ煮込む」といった意味合いが含まれています。第6章では、自分自身を問題に染み込ませるのに必要な強い好奇心について詳しく説明しました。

　シチューを煮込むように、頭の片隅でじっくりと時間をかけて考えるのです。その間は、問題の様々な要素がつながったり、違った形でつながり直したりするときです。

　あなたの役割は、時々問題を焦点に戻すことで、煮えたぎっている温度を保つことです。問題がこの状態にたどり着いたら、それまでは気づかなかった他の問題やアイディア、そして方法などが突然現れることでしょう。

　もちろん、これらは、その問題を解くにおいて助けとなるものです。

４ やり続ける

　難しい問題の場合、進展があり得るのか、あるいは解法にたどり着けるのかという疑問が湧いてくるものです。そのようなときは（複数回あるかもしれません）、問題と新しい関係を築くチャンスとなります。

　第6章ですでに述べたように、問題を永遠に、あるいは一時的に放棄するのです。しばし問題を棚に上げて、あとで戻ってくるようにするというのは賢明な判断です。

　しかしながら、問題があなたを放さず、あなた自身も深く問題にコミットしていることもあるでしょう。なんとか解決できる、あるいは少なくとももう少しやれることがあると思うわけです。

　急ぐ必要はありません。**実際に取り組む**段階での燃えるような感情の激しさも必要ありません。むしろ、問題とのハーモニーやつながりを感じて友だちになるのです。ここまでに紹介された問題のいくつかは、**やり続ける**ためのはっきりとした節目をつくり出していたと思います。

　例えば、私はこれまで進め方のアドバイスを示してきましたが、あなたは諦めようかと思ったり、助けを求めたりしようと思ったときに、「この本では何を示唆しているのか見てみよう」と考えたのではないでしょうか。

　もし、あなたが**やり続ける**状況を認識することができたら、それは実際の人だったり、本だったりするわけですが、いずれにしても数学の問題を解く助けとなる同僚の存在を体験したこ

とになります。

やり方に固執してしまうことに焦点を当てた第 6 章の問題以外では、**やり続ける**ための節目を私は幾度かもつことができました。

例えば、第 4 章の問題「**重い椅子**」では、四角を動かすのに必死になり、しばらくして、やれることはすべてやり遂げたと思いました。

そして、問題が提示しているように、重い椅子は移動できないと強く思いましたが、その後どのように進んでいいのか分かりませんでした。行き詰まっていることに私は気づき、あたりを見渡すことで選択肢があることを思い出し、「このまま取り組み続けるか？」と自らに問うこともできました。

私がやり続けられたのは、心の奥底で何かがあると感じ、それを見つけ出したかったからです。アイディアを考え出そうとして（つまり、**じっくりと考える**）、私のなかのモニターが次のように言っていたのです。

「自分が知っていることを書き出しなさい。椅子の一つの角はどこに行けるのか？」

そして、続けることで（つまり、**実際に取り組む**）、何が起こっているかを明らかにしてくれるパターンを見いだすことができたのです。

やり続けるが現れるもう一

つの形は計画を遂行するとき（つまり、……を試してみる）ですが、それは結構面倒くさいものです。例えば、第4章の問題**「連続する自然数の和」**を「1，2，3，……」と順番に書き出したことが、2乗で表せる数以外は数には連続する自然数の和があるという予想をさせてくれました（118〜119ページの［予想2］から［予想3］にかけてを参照）。しかしながら、それがなぜ正しいのかということに関しては一切明らかにしてくれませんでした。

　私の内なるモニターが、「これは機能しているのか？」と問いかけた瞬間、「やり続ける」ことの一部として捉えられることを悟りました。つまり、それはある特定の計画であって、問題全体を対象にしている訳ではないことに気づいたのです。それゆえ、問題を**やり続ける**ことをやめようと思ってもよかったかもしれません。

　もし、二つの自然数、三つの自然数などの連続する合計を探す他のアイディアを思いつかなかったら、そうしていたかもしれません。この種の問題は、しばしば長い数列の計算をしているときに、それが長くかつ難しくなるために発生します。そして、あなたの内なるモニターは、問題が求めているよりも計算が難しくなっていると感じたときに停止し、考え直すように要求してくるのです。

　これによって、本当に面倒くさいことをやらないといけないのか、それともたくさんの計算をやらないのは単に自分の怠け癖が問題なのかと、内なるモニターが判断できるようになるのです[2]。

簡単に取り組んで、まっしぐらに進むという人は、長い計算などを敬遠するといった人に多いです。その人たちは、大切な節目に**やり続ける**ことができなくなり、その代わりにより簡単な方法を考えようとします。

一方、注意深く大人しい人は、内なるモニターの助けなしで、必要のない計算をやりすぎることも含めて計画を遂行しようとします。そのような人たちが、例えば「**重い椅子**」（第 4 章）という問題に取り組むときは、データをつくり出すのにたくさんの時間を費やしますが、そのデータからパターンや構造を見いだすことにはあまり時間を掛けません。

やり続けるという判断をすることは容易ではありません。しかし、それは問題といい関係を築くことで得られるのです。そうすることで物事を変えようとするのではなく、いろいろなことが変わったことにあなたが気づけるようになります。

⑤ ひらめく

しばしば、解法は予想もしなかったところから現れます。少しの計算か、ひょっとしたら何年もの間じっくり考えたあとに、「知っていること」と「知りたいこと」を結びつけるパターンが浮かび上がってくるものです。

突然、小枝に火がついて燃え上がること（これを試してみよう！）と、問題の全体ないしその重要な部分がすべてうまく収まる**ひらめき**の瞬間を区別することを私は選択します。そのようなときには、「アハッ！」と書き出すことで**ひらめき**が強化

され、持続させることができます。ユーモアと近い関係にある士気が高まることは、**じっくりと考える**ときに伴うフラストレーションに対するよい救いのタイミングなので、しっかりと捕まえておいてください。

　本書の問題に取り組むなかで、何回かの**ひらめき**があったことを願っています。第4章の問題「**ペンキがかかった自転車のタイヤ**」は、自転車の前と後ろのタイヤは、その間隔の如何にかかわらず常に同じ跡をつけることに、突然、しかもはっきりと気づいたときに「あっそうか！」という言葉がもたらされます。車輪同士の関係が消えてなくなった瞬間に、**ひらめき**の典型である解放を味わうことになるのです。

　また、第1章の問題「**パッチワーク**」で、線が付け足されるたびに色を反転させればいいというアイディアがまだはっきりしたものではなくても、2色で可能だと知ると「**アハッ！**」という声が出てきます。

　確かに、**ひらめき**はあなたのほうに向かってやって来ます。意図的にそれをもたらすことはできません。しかし、実際に取り組むことによって、特殊化や一般化の予備作業をすることによって、そして似たような問題を探すことなどによって、あなたは準備をすることが可能となるのです。

　何か新しいものがその場に現れるまで、**やり続ける**ことと「手放す」ことを交互に行う（それも、ほとんど同時に）興味

---

(2) 翻訳協力者から以下のコメントをもらいました。
　「問題に取り組んでいて，こういう経験をすることはあります。計算が難しくなったときに，自分が道に迷っているのではないかと思うときです」

深い混じり合いが必要となります。たくさんの科学者や哲学者が、この課題に取り組むこととリラックスすることを交互に行うことに関して書いていますので紹介しておきましょう。

> 「あなたが本当に手に入れたいと思っている大切なものは、それを探し求める過程に深くかかわることで初めて見いだすことができる。あなたは、一生懸命に探しても見つけ出すことはできない。探すことをやめた時に見つけ出せるかもしれない」(Rosarium philosophorum [錬金術師と哲学者の格言集])[3]
> 「幸運の女神は、忍耐強い努力によって発見の準備がされた精神のみに微笑む」(ルイス・パスツール)[4]
> 「そのテーマであなたの頭をいっぱいにしなさい……そして待つのです」(ロイド・モーガン)[5]

「人は時に、自分が探していない物を見つけるものです」（アレクサンダー・フレミング）[6]

「一瞬のひらめきは、一生涯の経験に匹敵することがある」（オリバー・ウェンデル・ホームズ）[7]

「私たちは、インスピレーションが常に湧き出してくるようにすることはできない。あるときはまったくアイディアが出てこず、次の瞬間は（乾燥しているときにネコの背中に触ると毛が逆立つように）アイディアが流れ出てくることがある」（ラルフ・ウォルドー・エマーソン）[8]

6 懐疑的になる

直観は、その一部か全部がよく間違っているものです。自分にははっきり見えたと思ったものが幻想であることはよくあることです。そのため、**懐疑的になる**ことが絶対的に重要となります。

これには、いくつかの異なる要素があります。人工的なレベ

---

(3) オリジナルは、フランクフルトで1550年にドイツ語で出版されました。カトリック教のロザリオとは何の関係もありません。

(4) (Louis Pasteur, 1822〜1895) フランスの化学者・細菌学者。

(5) (Lloyd Morgan, 1852〜1936年) はイギリスの動物行動学者、心理学者。

(6) (Sir Alexander Fleming, 1881〜1955) イギリスの細菌学者で、世界初の抗生物質やペニシリンの発見者として知られている。

(7) (Oliver Wendell Holmes, 1809〜1894) アメリカの詩人、医者、エッセイスト。

(8) (Ralph Waldo Emerson, 1803〜1882) アメリカの思想家、哲学者、作家、詩人、エッセイスト。無教会主義の先導者でもあった。

ルでは、直観は第4章の問題「**円周とピン**」の2乗のようにパターンを見つけることを含んでいるかもしれませんが、それはさらなる特殊化によって否定されることがあります。あるいは、第1章の問題「**チェスボードの中の正方形**」のように、特別な計算が突然提案され、系統だった計算によって解法があっという間に導かれることもあります。

　一般的に、直観は具体的なものですが、はっきりと説明するのが容易ではなく、何が見えたのかを正確に言うには何度か試す必要があります。第4章の問題「**連続する自然数の和**」の場合は、すぐにひらめいたものを［予想5］として書くのに5回もの試みを必要としました。これらは、すべて**懐疑的になる**ことの一部と言えます。

　また第5章では、証明する際に**懐疑的になる**ことの大切さを強調しました。あなたがいくら問題を解いたと思ったところで、口まで持っていったカップから水がこぼれ落ちることがよくあるのです。自分自身の考えにはすぐに納得してしまうものですから、論証に関するそれぞれのステップは注意深く確かめる必要があります。

　そこで終わりにして、もうすることはないと誰しも思いたいわけですが、それをするにはエネルギーが必要です。

　もし、**ひらめき**の興奮が自信に転換し、**懐疑的になる**こともなく、確かめもせずに問題が解けてしまったら、その**ひらめき**は部分的か不完全なものとなりますので、あとで問題が解けていなかったことを発見したときに大きな失望が待っている場合もあります。

「間違いはないか」と内なるモニターが問いかけることで葛藤が生まれ、取り組むエネルギーが生まれます。解法に至った満足度と自信、およびそれを確かめることは、**ひらめき**が与えてくれる高揚感よりも大きく、しかも持続します。**ひらめき**に伴う高揚感は束の間の興奮でしかありませんが、説得力のある解法から得られる満足感と自信はより長続きします。

　難しい問題のときは、糸口を見つけ出すために何回か書き換えられることになります。自分の解法に**懐疑的になる**ことは、どんな補助的な質問に答えたのかを確かめるとともに、元の問題に答えることに継続的に取り組む必要があるかを教えてくれるのです。

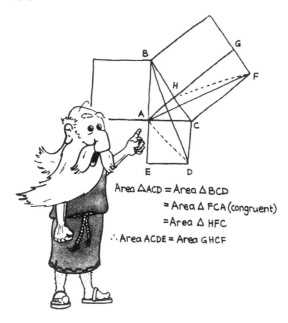

7 検討する

7番目の状態は、本書において最も強調している状態です。解法にたどり着いて重要な出来事を思い出し、解法を読み直して全体像をつかみ、そしてより大きな場面や状況のなかで自分のしたことを位置づけてみるといった、落ち着いた状態のことです。

それは、いまの解法と一緒に、過去の似たような問題の特殊なケースを思い出しながらも同時に共通の部分を見いだそうとしているので、究極の一般化の形ともなります。

特定の状態がはっきりと際立っているかもしれません。特別となる数学的なスキルが有効だったかもしれないので、問題のどういう点がそのスキルを有効にしているのかと自らに尋ねてみてください。

ひょっとしたら、新しい理論や新しいスキルに導いてくれるかもしれない数学的な質問を問いかけたくなるかもしれません。この状態は、あなたの内なるモニターの成長を促進することになる振り返りと応用発展を含んでいます。

まとめ

鍵となる節目や感情的なスナップ写真を収集することは、長い時間を掛けて行うプロセスです。そして、注意深く心配りすることも求めています。自分のしたことを振り返って、バカなことをしたとか、時間を無駄にしたとか、あるいはどれか一つ

の状態に留まってしまったなどと酷評したくなるものです。そ れらの感想を、軽く、ユーモアも交えて言うことがあってもい いのですが、自己批判は一般的にマイナスの効果しかありませ ん。

　私たちみんな、個人的な傾向は容易には変わらないものです。 そういう変化は、きつい自己批判からではなく、自分の傾向を 注意深く、しかも落ち着いて観察することでもたらされます。 練習次第で、よりたくさんの感情的なスナップ写真が撮られ、 自らの状態の気づきが増していきます。そして、はっきりと意 識できるときに、あなたの行動を変えることや習慣を変えるこ とができるのです。

　判断をする際のもう一つの側面は、同じようにマイナスの効 果しかもたない脚色です。

「何かが起こらなければならなかった」とストーリーをつくり 替えたり、スナップ写真にはなかった詳細を付け加えたり、個 別の状態について詳しすぎたり、知識をひけらかすような振る 舞いは、自分の内なるモニターの成長を混乱させたり、損なわ せたりするだけとなります。

　七つの状態を理解することは、急いだからといってできるこ とではありません。それらはすべて感情にかかわることですの で、言葉で捉えることが難しいのです。

　七つの状態に意味をもたせられるようにするには、時間と練 習が必要です。練習をする際、七つの状態がすべての問題にお いて順番に現れてくれればいいのですが、心の状態はそういう わけにはいきません。

七つの状態は行ったり来たり、忙しなく飛び回りますので、無理して順番にこだわると、次々に明らかにされる意味を阻害することになってしまいます。

下の図が、七つの状態をこれまでの章で紹介したプロセスや段階と関連づけています。

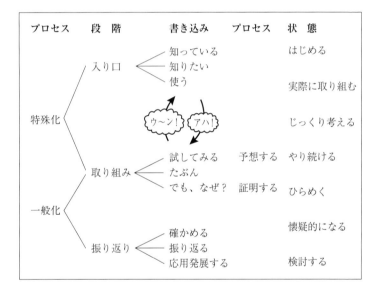

第8章
自問自答できるようになる

　本章は質問についてです。これまでの章で私は数学的な問題を投げかけ、そして行く行くはあなた自身がそれを尋ねられるように、思考を促す問題を中心にしてアドバイスを提供してきました。数学的な問題はいったいどこから来るのでしょうか？ 数学的な問題の効用はいったい何でしょうか？

　本章と次章で詳しく述べますが、端的に言えば数学的思考とは、世界とのかかわり方、つまり姿勢だということです。私が投げかけた数学的な問題は、それ自体ではあまり価値がありません。基本的なプロセスを明らかにし、理解を容易にするために選ばれました。

　数学的な問題について考え、その過程で得られる体験を自分のものにすることで、少なくともあなたは、将来、大いに役立つことになり得るたくさんの経験を蓄積することができました。もし、その将来が、他の誰かに投げかけられた、似たような問題に取り組むことを意味するなら、です。そして、数学的な問題が喜びを提供してくれるなら、本書は目的をすでに達成したことになります。

　しかしながら、数学的な問題ははじまりにしか過ぎません。

よりたくさんのことが可能なのです。あなたが自信を深めるに従って、明確に数学的とは言えない問題や、より考えにくい問題にも興味を示しはじめることに気づくはずです。

これまでの各章で提供してきたアドバイスは、たとえあなたが元々の問題を理解できなかったとしても、いかなる状況（数学的な問題以外）でも使えるやり方を提供してきました。

少なくとも、あなたはすでに特殊化をはじめることはできるでしょう。それができるということが、すでにあなたが数学的思考の姿勢を自分のなかで育てはじめていることを示しています。問題こそが、その姿勢の中心的な存在なのです。

本章では、私たち一人ひとりの周りにあるたくさんの面白い問題に気づくことについて説明をしていきます。

三つある節の最初で、特定のものからオープンなものまで問題の多様性について考えます。二番目の節では、問題はどこから来るのか、そして私たちは何をどのように気づくのかに注目します。

最後の三番目の節では、自然にある好奇心を鈍らせる力について見、それらに打ち勝つ方法を提案します。

幅広い問題

これまでの章で紹介した問題の多くは、どんな種類の答えを欲しているのかということに疑問の余地をあまり残さない具体的なものでした。例えば、以下のようにです。

- 回文数〜4桁の回文数はすべて11で割り切れる？
- パッチワーク〜一番少ない色は何色か？
- ご婦人たちの昼食会〜姓と名前をマッチングする。
- ホットプレートで早くパンを焼く方法〜3枚のパンをトーストする一番短い時間はどれだけか？
- 糸が巻かれた釘〜一般的に何本の糸が必要か？
- カエル跳び〜最も少ない移動はいくつか？
- ゴールドバッハの予想〜2より大きなすべての偶数は二つの素数の和である。
- 連続する自然数の和〜として実際に書けるのは……？
- ハチの系図〜オスの蜂には祖先が何匹いるか？
- 正方形に分ける〜「すてき」の数はどれか？

 しかしながら、すべての問題がこれらのように答えが限定されているわけではありません。特に際立っている二つの例が以下のものです。
- ペンキがかかった自転車のタイヤ〜私は何を見たのか？
- 封筒づくり〜どのようにしたら一つ作れるのか？

 あまり具体的でないということは、これらの問題は他のものよりも解釈できる幅が広いことを意味します。どのような回答を欲しているのか定かではありません（実のところ、特定の答えはないかもしれません）。そして、どんな答えを出せばいいのか、少なくとも取り組みはじめていろいろと試してみるまでは想像もつかないでしょう。

私があなたの注意を引きたいのは、特にこのようなタイプの問題です。自信をつける一つの方法は、あなたが遭遇する狭く具体的な問題を拡張するための練習を行うことです[1]。多くの場合、特別なケースはより一般的なケースになりたいものです。本章の目的は、あなた自身が自分の問題をつくり出せるようになることです。

　問題は、答えが限定的なものから答えの特定ができないものまで幅広い間に収まります。中間的なタイプの問題には以下のようなものがあります。

- 正解が存在して、それが求められている。
- 答えは分かっていて、解くプロセス（他者を巻き込むことも含めて）が面白い。
- 答えは疑わしく、似た問題へのいいアプローチを知っているが、それも疑わしい。
- 面白そうだが、具体的なアプローチが分からない。
- 問題があいまいで、一般化の影響を受けやすい。
- 特定の問題はないが、状況が魅力的。

　答えが特定できない「開いた問題」は、より大きな自由度が提供されているにもかかわらず、狭くてはっきりとした問題よりも取り扱うのが困難だと一般的には思われています。その自由度の大きさが、（ゆえに、それに付随する）自信のなさをもたらしていると考えられます。さらに、自分自身が気づいた問題と、他の誰かから提示された問題との間に大きな違いもあります。

問題の特質や言葉遣いから、質問者自身がすでに答えをもっていることが明らかなときは、思考は競争の形になってしまいます。つまり、質問者と同じぐらいに素早く、しかも上手に答えを見つけることができるか、です。

　一方、限定されるものが少ない問題は、あなたの興味関心やあなたが発見したことに基づいて、方向性を追求する余地が広いものです。

　このようなオープンエンドの探究は、しばしばかなりの時間を探究することのみに費やし、具体的な目標もなく、一般的な興味や好奇心だけで何が起きているのかと、パターンや驚きを見いだそうとします。

　特定の質問や予想は立てられますが、より面白いものが現れない限り、それらを追求するプレッシャーもありません。つまり、あなたの思考を方向づけたり、あるいは制約したりする、具体的に提示された問題とは正反対となるからです。

　さらに、曖昧な問題について考えることがあなた自身の興味関心に刺激されて行われるのに対して、閉じた問題について考えることは、大抵の場合、外部からのプレッシャーや競争によってかき立てられることになります。

　たとえ探究が広範囲に行われる場合でも、焦点を絞るために具体的な質問をすることは助けになります。違いは、そのとき

---

(1) 『たった一つを変えるだけ！』の第5章で紹介されている「閉じた質問」と「開いた質問」の書き換えを参照してください。狭く具体的な質問が「閉じた質問」（クローズドな質問）に、答えを特定できない質問が「開いた質問」（オープンな質問）に相当しています。

の質問（問題）はあなた自身のものであり、他の誰かのものではないということです。

特殊化と一般化が、元々の問題に貢献する暫定的な目標を提供してくれます。問題を解こうとしていろいろと考えて質問することは、それがたとえ脇道に逸れようとも的を射た質問につながり、問題の解決やさらなる大きな質問を打ち立てるのに貢献するのです。

これが、あなたの得た結果をより一般的な状況に拡張してみることをすすめる理由です。これまでに私が紹介してきた狭い質問でさえ、拡張することができるのです。

・結果がより広い場面や状況にも当てはまるとき、あなたはその価値を本当に理解しはじめる。
・質問を拡張することは、自分の質問（問題）に気づいたり、提起したりするきっかけとなる。

疑問の余地がある状況

第2章の問題「**封筒づくり**」と第4章の問題「**ペンキがかかった自転車のタイヤ**」は日々の暮らしのなかで起こりうる問題ですが、考えついたものをそのままあなたに投げかけてみました。私たちはみんな潜在的に魅力的な問題に日々遭遇しているわけですが、そのほとんどに気づくことがありませんし、明確に表されることは稀と言えます。

第7章で、「思考を刺激するのは驚きや矛盾である」と私は述べました。それらは何かが変わったときに起こり、そしてど

んな些細なものであっても、その変化に気づいたときに思考は明らかに変化したのです。

　例えば、家具の配置換えや車のデザイン、そして髪型の変化はある人たちに気づかせる原因になりますが、少なくとも、言葉に表すレベルにおいては気づかない人たちも決して少なくありません。

　私が提唱している問題の種類は、気づきの形態なのです。一つの例を紹介しましょう。

問題・シーソー

　現在のシーソーは、左側の図のように休止した状態で水平になっています。私が小さかった頃は、右側の図のように端のいずれかがテコのように地面についていました。現在のシーソーの構造がどのようになっているのか、知りたくなります。

　すでに問題づくりははじまっています。実際に見る前に、私は何を知っていて、何を発見するかを考え、どんな予想をもっているかも気づいていました。言葉に表しませんでしたし、立ち止まって、はっきりさせるための努力をなぜしなかったのかと、あとで後悔もしました。

　実際にその構造を調べた結果、いくつかの疑問点が浮かび上がりました。

- なぜ、その構造になるのか？　言い換えると、誰かが私にシーソーをデザインするように依頼してきたとき、私はどんな質問に答えないといけないのだろうか？
- 座る部分はどのように動くのだろうか？
- なぜ、わざわざデザインを変えようとしたのだろうか？

寸法は異なりますが、その構造は、友だちの家で見た木馬にそっくりであることに私は突然気づきました。構造については所見を述べた私ですが、それを追求しませんでした。二つの共通性は顕著で、私の興味を大いにそそりました。

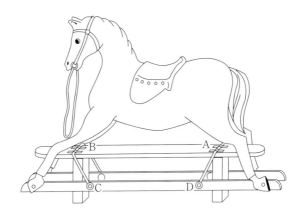

私が気づいたシーソーの基本的な特徴は、古いものから新しいものへの変化と、外見ではまったく異なるのに、同じ構造をもっていることです。これに気づいたとき、驚きました。もし、あなたがこれらのシーソーを実際に見たことがあるか、遊んだことがあったなら大きな助けとなります。

誰もが、驚きと自分自身の体験から発生する可能性に大きな反応をします。そして、それは具体的なもの、数字、図表、あるいは記号の形をとる何かを操作したり、遊んだりすることを意味します。この重要な特徴が、個々人にとって真の体験となるのです。

それは、物理的な世界か、あるいは思考上の世界において実態を伴うものでなければなりません。物理的ないし思考によって、自信をもって操作できるものでなければならないのです。

数学で生まれるたくさんの魅力的な問題はすぐに実用化されることはありませんが、知的な面では興味をそそります。それらが引き付ける根本的な理由は、過去の経験や知的な好奇心と共鳴するからです。

ある人々は、自分たちの日々の生活に影響を及ぼす結果を伴う具体的な問題を好む一方で、他の人々はより抽象的な問題を好む傾向があります。しかしながら、そこで使われている方法の違いには大差がないので、何があっても、鋳型に流し込むように同じことをする必要はありません。

それでは次に、より抽象的な思考者向きに多様な可能性を提供する状況についての問題を紹介しましょう。

問題・数のスパイラル

図のように、1から順番に外に向かって広がっていきます。このままどのようになるか、図を広げて描き出すと同時に、浮かんだ質問を書き出しなさい。

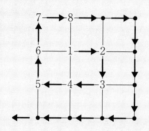

◐ウーン？

・パターンを探し、予想をつくり出す努力をする。

以下の質問は、私が思いついたものです。

・1、3……のように、1から右下方向に現れる数は何か？
・特定の横列や縦列に現れる数は何か？
・87はどこに現れるか？　一般化する！
・偶数、奇数、3の倍数はどこか？
・2乗の数はどこか？

2乗の数のパターンが特に私の印象に残り、なぜそうなのかと不思議に思いました。私は次ページの図のように、方眼紙に

第8章 自問自答できるようになる　241

特定のエリアを遮断した形で、他のスパイラル（螺旋状の渦巻き）を描くことにしました。

		15	16	…	
13	14	1	2	3	
12				4	
11				5	
10	9	8	7	6	

			23	24	…	
		21	22	1	2	3
19	20				4	5
18						6
17						7
16	15	14		10	9	8
		13	12	11		

	9	10	11	12	
	8	1	2	13	
	7		3	14	
	6	5	4	15	16
…		21		17	
		20	19	18	

これらの三つの間にたくさんの事例があり、徐々により困難さを増していきます。より一般的なスパイラルとはどんなものかを示すために、これらの図を書くためにはたくさんの下書きをする必要がありました。

それぞれの下書きは、正方形の形を可能な限り維持しつつ、最も一般的な形のスパイラルにするための予想と言えます（あなたが自分で調べられるように、意図的にあいまいにしてあります）。そして私は、同じパターンは常に起こるという予想を証明しなければなりませんでした。

「数のスパイラル」 の問題は、すべて数と位置の関係にまつわるものです。どの数がどの位置に現れるかを簡潔かつ一般的に予想できるようにすることを目的とする上の問題とは対照的に、次の問題はより分かりにくいパターンを見つけ出すものとなります。

問題・紙の帯

長さが11インチ[(2)]で幅が1インチの紙を、以下の図のように折りなさい。そして、両端をつなげて一本の帯をつくりなさい。

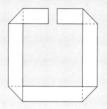

「さあ、試してください。そして、質問を考えてください」

この問題は、ある日、私が細長い紙を弄んでいたときに思いつきました。いくつかのアイディアが浮かびましたが、これが私にとっては最も面白く思えたのです。

私がつくった帯には折れがあります。それで、折り目を上にするのか、下にするのかの順番を知ることで、折れている部分の数を予想することができるのか知りたくなったのです。

ほとんどの場合、数学的思考は何らかのパターンに焦点を当てます。ただし、ここでのパターンはかなり広い意味があります。シーソー、幾何学的な図、そして数の配列の構造などは過去の経験と共鳴し、次のような質問が浮かぶかもしれません。

・どれだけの方法で？
・何が最も多くて、何が少ないのか？

・根底にある構造は何か？
・この同じ方法はより一般的には機能するのか？
・それは、なぜそうなのか？
・それは、なぜ他の状況とは違うのか？
・なぜ、それは起こるのか？
・ここにはどんなパターンがあるのか？
・これらの数はどこから来たのか？
・次には何が起こるのか？
・一般的に何が起こるか予想することができるのか？

　また、以下に示すより一般的な質問は、不必要な詳細を取り除いて、大切なものに焦点を当てたいという要求を示しています。
　　・この状態は何の特別なケースか？
　　・ここで何が起こっているのか？

　こうした質問は姿勢の表れであり、典型的な質問ではありません。私は、このような姿勢の要素についてすぐ検討したくなります。問題を見つけるための特別な場所などはありません。それどころか、ほとんどの場合、私たちはそうした機会を避けてさえいます。問題は、その必要性から生じるのです。
　　・私には車を借りる必要がある。その目的のためには、日
　　　毎あるいは週毎の支払いのほうが得だろうか？

---

(2) 1インチは2.54cmです。

- 私は今年、車を買い換えたほうがいいだろうか？　それとも、来年だろうか？
- クリスマスの小包を海外に送りたいのだが、最も安い方法は何だろうか？　一つの大きな箱で送ることだろうか？　それとも、いくつかの小さな箱に分けて送ることだろうか？

時には、問題はより複雑な、個人的あるいは対人関係にまつわる判断から生まれます。
- どこで休暇を過ごすべきだろうか？
- 私は仕事を変えるべきだろうか？
- 住宅ローンの期間を延長すべきだろうか？　それとも、より短期で返済すべきだろうか？

問題は、知的好奇心からも生まれます。
- 日付の「01.11.10」（イギリス流は日月年の並び）は回文数である。次はいつだろうか？　アメリカ流の並び（月日年）ではどうなるのか？　あるいは、国際的な並び（年月日）ではどうだろうか？
- 壁紙の異なるパターンはどのくらいあるだろうか？
- 信号の間隔は、どのくらいがいいのだろうか？

あなたがこれらに気づきはじめると、数学的思考に貢献できる問題がたくさんあることが分かります。

気づく

「シーソー」という問題では、その形体が変化したことと、新型のシーソーと木馬との共通性に気づきました。それらは両方とも、私たちのもっている経験、積んできた練習、興味関心、知識、そしてそのときの心理状態によりますので、個々の気づきは固有のものとなります。例えば、建築家と音楽家は、積んだトレーニングの違いによって異なる要素に気づきます。

　私は、初めて訪ねた所から戻ったとき、新聞や雑誌でその場所に関連した記事にしばしば気づきます。あまりにも頻繁に起こるので、偶然に起こったこととは思えず、そのことについて追ってみる価値があると思うわけです。そして、私の新しい興味関心が、以前は気づかなかったことを気づけるようにしているのだと結論づけました。

　また、屋根を自分で直すまでは多様な形や傾斜があることにも気づいていませんでしたが、いまは新しい知識があるので、他の人によって見過ごされるような詳細にも気づいています。

　自信と落ち着いた状態が、元気いっぱいなときや落ち込んでいるときに見過してしまう詳細に気づき、そして記憶することを可能にしています。

　しかしながら、他の人が何を考え、気づき、発見したのかという記録を読んでも、自分が体験したこととはまったく違ったものとなります。他人の発見の興奮などが伝わることがほとんどないため、自分が探究してみようという気も起こりません。

　気づきを上達させ、強化し、広げることは可能です。必要な

のは、何に気づいたのかを記録しながら、気づくことを求め続けることです。これに興味のある方は、メイソンが2002年に著した本[3]を参照してください。

ただ歩き回って、無駄な質問をすることでは得られません。質問は、感情のまったくない状態でそれを読むことから、解き明かしたい問題に変化することで生まれてくるのです。

「**シーソー**」や「**数のスパイラル**」や「**紙の帯**」などの問題に気づくということは、変化を自覚することを意味します。その自覚は、「前」と「後」の間にアクションを生み出します。それらを結びつける何かが必要なので、「前」と「後」の要素だけでは十分とは言えません。

ほとんどの場合、気づきは感覚的な印象によってもたらされます。新しい平衡タイプのシーソーに対する視点が、突然（ランダムに）古いタイプのシーソーのような過去の印象や視点と並列に置かれるのです。印象の並列化は、驚きや変化の自覚として体験されます。言い換えると、人は、内なる緊張、対立、矛盾を自覚するということです。

このようなアクションは、新しい印象と古い印象が並列に置かれる結果として起こります。ほとんどの場合、新しい印象（平衡タイプのシーソー）は記憶のどこかには記録されているかもしれませんが、古い印象（古いタイプのシーソー）の近くではないので、それに気づくことがないのです。

それにもかかわらず、私たちはみな問題のために必要なデータは異なる領域に保管され、相互に矛盾する印象の形で自分のなかにもっています。たまに、新しい印象が突然（そして、再

びランダムに）二つの相互に矛盾する記憶の架け橋となることがあります。これも、緊張の形で自覚を形成します。さらには、問題として明確に表現されることもあります。

　内なる緊張が問題をつくり出すからといって、問題と緊張の関係が解決するわけではありません。笑いや何らかの活動といった形でエネルギーが放出されるかも知れません。それによって、問題になることを避けています。もし、緊張が肯定的に質問として出てくるときは、アクションは基本的にランダムなものとなります。

　しかしながら、ランダムな並列に依存する必要はありません。理解したいという強い望みによって、新しい印象と古くてすでに保管されている印象を意図的にもち出すことができます。その際、意思によって仲介されることで、新しい印象は古いデータに直接働きかけることになります。

　緊張が生まれ、問題がつくられます。したがって、気づくことと質問することの意思を育て、興味をもって歩き回ることは賢明と言えます。気づくことは、私たちがすることとはあまり関係なく、姿勢や意思の結果が多いものです。

質問する姿勢の障害

「私は、あまり質問をするような人間ではありません」

　このように言いたい誘惑がありますが、このような反応は問

---

(3) Mason, J. (2002) Researching Your Own Practice: The discipline of noticing. London: Routledge Falmer.

題を回避するための方法の一つに過ぎません。誰でも、本当にそう思うなら「そのような人」には簡単になれます。それは、能動的な世界に対する問いかけの姿勢を受け入れるかにかかってきます。予想が、活動というよりは私がもっているアイディアか他の人が言った論証に対する姿勢だったように、質問することも姿勢であり、人生に対する取り組み方の現れと言えます。

　質問を避けるもう一つの理由は次のようになります。
「自分で答えられないのに、質問する意味はない」
　実際に行動に移す前から、質問に答えられないと決めつけることは自信のない証拠です。しかも、それは質問をしないという正当な理由にはなりません。

　本書の主眼は、あなたが行き詰まったと認識したときに行える具体的な活動を提供することです。もし、これまでのアドバイスをしっかりと受け止めていたなら、あなたの問題に取り組む際の自信は増しているはずです。

　たとえ、本当は何が起こっているのか、あるいは結果がどうなるかあなたには分からなかったとしても、自信は成功することと何をしたらいいかを知っていることによってもたらされます。これら二つの自信の源は、基本的には世界に対する能動的な姿勢に基づいています。それは、問題をつくり出そうとする姿勢と共通するものです。

　能動的な姿勢と過度の活動とを見分ける慎重さも必要となります。一般的な人の場合、過度に活動的になることによって振り返ることもせず、問題を提示することから遠ざかる人がいます。マイナス効果しかない過度の活動は、たとえ数学的な範疇

に入ることをしていても数学的思考を育てません。確かに、そういう人は高度な数学的な能力を身につけるかもしれませんが。大切なことは、問題への答えをたくさん蓄積することではなく、思考のプロセスを自覚できるようになることです。

さらに、私は行き詰まりの状態を受け入れ、そしてその体験から学ぶことの大切さも強調してきました。問題に遭遇して何も進展しない状況というのは、何も問題がないということです。それと取っ組み合い、言い換え、不必要な要素を取り除き、じっくりと考え、いろいろな形で修正してみる行為はとても価値のあることなのです。

そうすることで、将来、進展が可能になる新しい情報や方法に気づくことができるようになるのです。また、他の人にアドバイスを求め、じっくりと考え、隙のない質問をし、そしてもらった返事を有効に活用する準備としても役立ちます。

質問をしないもう一つの理由は、知的な怠け癖です。他の怠け癖と同じで、その人は可能性の淵にいることを意味します。何もしたくないと感じているときと同じで、誰かがやって来て、何かをするきっかけを提供してくれたなら元気が戻ります。

問題に取り組みはじめることでたくさんのエネルギーがつくられ、すべての倦怠感が消え去り、実際に取り組む可能性をもたらします。したがって、質問をしないという選択は、開けたことのないドアの向こう側の景色を描くようなものなのです。何を見逃しているのか、まったく分からないことでしょう！

私が主張していることの要点は次のとおりです。
「自分が質問するタイプではないと言っている人は、子どもの

ときにもっていた自然の好奇心を失ってしまった」

　私たちは、質問することは大切ではない、と次世代に印象づけてしまっているだけでなく、「問題に答えられないと緊張感をもってしまう」ということも暗に伝えてしまっているのです。その結果、次のような姿勢が横行することになります。
「自分が答えられない質問はしないほうがよい」

　しかしながら、自分が答えられると思っている問題は、答えが定かでない問題よりも面白くありません。進展させることができないと分かっている問題は「面白くない」と分類されがちですが、それはなぜでしょう？　例えば、自動車が動かなくなったりする、絶望感をつくり出してしまうからでしょうか？

　このような場合は、自動車修理工のような専門家に任せるしかありません。それにもかかわらず、簡単な説明さえあれば、自動車のメンテナンスは最初に思ったほど難しくないことを多くの人が発見しています。

　それに、自分の車には何が必要で、何をしなければならないのかということに関する理解が得られますので、有益な副次効果もあります。以下で、より詳細な事例を紹介しましょう。

　友人の子どもがフルートを持っているのですが、突然、一つの音程がおかしくなりました。機械に強い夫婦なのに、クリーニングをしているときにバネの一つを取り外してしまったと推測したのですが、それについては何もする気がありませんでした。その理由は、フルートにこれ以上のダメージを加えたくなかったからです。

彼らは、問題の所在について、子どもの分析を信用していなかったのではないかと私は疑っています。私は、二つのフルートを外観と聴覚の両面から比較し、子どもと私はどのキーが機能していないのかを見つけました。他のものとは違う方向を向いているバネを見つけたら、それでフルートは直ったのです。それに要した時間はわずか2秒でした。

　もちろん私には、フルートがどのようにつくられているのかという知識はありませんでした。この話を紹介したのは、一般的な物事がどのように機能しているかについて知っていたからです。そして、私に見てみようという姿勢があったからです。

　私には直す自信がなかったということに留意してください。しかし、私に取り組みをはじめさせ、そして取り組み続けることを可能にする、自分にできること（特殊化からはじめることです！）は知っていました。少なくとも私は、専門家に、どこがおかしくなっているのかについて伝えることはできると思っていました。

　興味深いことに、同じ日の朝、車のエンジン点火というトラブルに見舞われたのです。直前に行ったプロの修理工による点検のときに気づかなかったことを直せるとは思いませんでしたが、私は唯一知っているところだけを調べてみることにしました。それはスパークプラグです。驚いたことに、プラグのうちの一つのすき間が他のものよりも狭くなっていたのです。これで、点火時の調整という問題は解決しました。

　修理工場に再び車を持っていかないで済んだことが、私に安堵感と高揚感を提供してくれました。そして、その状態が一日中続き、フルートの修理につながったことは間違いありません。

これは、成功と自信の累積的効果のよい例と言えます。

成功はたいてい目標にたどり着けたかどうかで測られ、目標にたどり着けなかったら失敗と見なされることがとても残念です。これが、行き詰まりにこそ価値があることを私が強調した理由です。

このセクションを通して述べてきたことは、自信とサポートを絶えず求め続けることによって、目標設定の仕方によってすでに崩壊していることが示せるということです。答えを得ることを目的にしたり、要求したりすること、そしてより一層悪いことは、誰よりも早く、しかも正確に答えを得ようとすることでいずれは失敗するということです。

具体的な成果よりも姿勢で表された目標のほうが、失敗を恐れることなく自信をもたらしてくれます。もし、能動的な思考への参加を大事にすれば「自信」と「安心」が花開きます。問題に取り組むことで得られる成功は、問題を理解し、変えることではっきりとさせ、より広い視点で見たいものとして表すことで確認できます。それには、答えの必要性はありません。

実際、最も実りある問題は、答えられない問題であることが多いのです。それは、哲学（例えば、生きる意味は何か？）に当てはまるだけでなく、数学にも言えることなのです。

まとめ

質問する姿勢は身につけることができます。たぶん、より正確には、気づいたり、質問する意図を表現したり、認めたりす

ることによって捕らわれの身から解放されると言ったほうがいいでしょう。大切な要素は以下のとおりです。

・質問が浮かんだときに、それに気づく。
・行き詰まったときに、何かすることができる。
・予想を立てたり、解明したりすることで満足する。
・心から、自分の周りと自分自身について学びたいと思う。

　私たちは、予想もしていなかったこと、つまり変化に気づきます。壁に掛けた新しい絵画も、1年後には壁紙の一部になってしまいます。したがって、私たちにとってのチャレンジは「モノをどのように新しく見るか」となります。
　内なる対話と外部の刺激の間にはギャップがあるので、時折、質問する余地が生まれます。私が問題に気づいたとき、すでに問い掛けがはじまっているので、この表現も誤解を招くかもしれません。アクションは、すでに起こっているのです。私の望みは参加することです！
　上記とは異なる方法は、周りのすべてを単なる背景のごとく受け入れることです。不確実性を排除するためには何でも行い、「なぜ」や「どうして」といった質問をせずに、チャレンジすることなくすべてを受け入れることです（しかし、そこからは何も生まれません！）。
　一つの質問形態が、私の姿勢の形成に役立つと思っています。いろいろな場面で次の質問が頭に浮かび、そこから連続した質問づくりがはじまります。
「ここで、何が起こっているのか？」

私にとっては、すべての質問は、これの特殊化（ないし変形）と言えます。それぞれの人はその人なりに一般化をするので、この質問がもっている効力をあなたに対しても同じように発揮するとは限りません。

数学的な問い掛けに特有なことは何でしょうか？　典型的な数学的質問の形態は以下のようなものとなります。

・……は、いくつあるか？
・どれだけの方法で……？
・最も多いのは／少ないのは……？
・……はどんな特性をもっているか？
・……と同じなのは？
・これと同じものを前に見たことがあるか？
・ここで重要なアイディアは何か？
・これが機能するのはなぜか？

答えられるという見込みや、他の誰かがすでにそれを面白いと思ったという安心感が確かにあるので、他人から提示された問題に取り組むことを好む人たちがいます。一方、よく知られた、まだ答えが見つかっていない問題に取り組む人たちもいます。さらには、自分自身の質問からはじまって、オープンに探究を展開することを好む人たちもいます。そして、他の人たちの解法を集めて改良し、そして多くの人が活用できるようにすることに面白みを見いだしている人たちもいます。

これらすべての役割が重要となります。バランスの取れたアプローチが、おそらく最も健康的と言えます！

第9章
数学的思考を育む

　本書の目的は、あなたが数学的思考を再発見する旅に出掛けられるようにすることです。「再発見」というのは、小さな子どもたちが身近な世界を探索して理解する場合とまったく同じプロセスを観察することができるからです。特に、それは子どもたちが話しはじめる様子を見れば顕著です[1]。

　私はただ単に、秘密にされていたことを明らかにし、プロセスの埃を払ってもち出してくることで気づけるようにして、あなたが数学的に考えることができることを思い出させただけです。

　思考のプロセスの意識が高まることで、あなたの選択肢も増えます。すでに旅ははじまっていますので、あなたは自分でよ

---

[1] Gattegno, C. (1963) For the teaching of Mathematics. New York: Educational Explorers Ltd. 参照。数学教育・言語教育・識字教育を専門とするカレブ・ガテーニョ(1911〜1988)が著したこの本は未邦訳ですが、『子どもの「学びパワー」を掘り起こせ——「学び」を優先する教育アプローチ』(茅ヶ崎出版、2007年) がいい本なのでおすすめです。「人類の進化は教育によるしかなく、その教育は単なる知識の伝達ではなく人間(私たち)のなかにある探求心に働きかけるものでなければならない。真の習得は『awareness(気づき)』なしには起こり得ない」という言葉をガテーニョは残しています。
http://www7a.biglobe.ne.jp/~SW_LANGUAGE_CENTER/gattegno_jp.html

り深い数学的思考の姿勢と、それが促進する理解に向けた旅を続けることができます。

あなた自身の数学的思考をさらけだし、使い、そして発展させることなどを学ぶことによって得られる成果の一つは、他の人たちの数学的思考により敏感になることです。さらに、自分のために集めた様々なツールを他の人たちに提供してあげることもできます。

あなたが数学的思考を身につけるために本書で紹介してきた方法は、他の人たちの数学的思考を発展させることにも使えます。しかしながら、これらの方法は数学的思考を刺激し、サポートし、そして維持できることに依存しています。

本章では、それをどうしたらいいのかに焦点を当てますので、特に教師、親、そして他者の思考を助ける立場にいる人たちにとっては参考になるはずです。

数学的思考について振り返ることと、それをどう改善することができるのかということからはじめます。そのあとで、あなた自身と他の人たちのなかで、どのように数学的思考を刺激し、サポートし、そして維持できるのかを考えていきます。

以下の三つの要素が、あなたの数学的思考が効果的に使われるのに影響します。

❶あなたの数学的な探究のプロセスを使いこなす力量
❷あなたの感情的・心理的な状態をコントロールし、自分にプラスに活用する自信
❸あなたの数学の内容（および、それが活用される範囲）に関する理解の度合い

❸の数学的内容に関する知識は、大事ではないというのではなく、現状ではそれが独り舞台の状態になっていますので、本書では最初の二つに焦点を当ててきました。

　普通は、内容のみが重要な要素として提示されています。しかしながら、前の二つに焦点を当てたのは、数学的思考にはよい使い道があると同時に、創造的な見方をもてるようにするために必要不可欠であると考えたからです。

　さらに、必要以上に数学的な内容に焦点を当ててしまうと、本来は数学の特定の側面を引き出したり、応用したりすることこそが重要であるにもかかわらず、数学的思考を覆い隠してしまうことにもなります。

　例えば、第3章の問題「**糸が巻かれた釘**」では、何回かの特殊化と一連の予想が、最大公約数によって糸の本数を、釘と間隔の数との関連で明らかにしてくれることにつながりました。最大公約数はどこの学校のカリキュラムにも含まれていますので、それを扱うときの事例として、公式にこの問題を採用することができます。

　とはいえ、面白い問題に出合って、それを解くという形ではなく、生徒たちに一方的に話して聞かせるような一斉授業で扱われることが予想されます。そして、数学的思考を使うことによって、この最大公約数という素晴らしいアイディアを導き出すチャンスが葬られる代わりに、その事実に基づいた応用に焦点が当てられることになります。

　その結果、直接的な指導によって、自分たちで意味をつくり出したり、異なる解釈によって学んだりする機会を永遠に失っ

てしまうことになります。

私は最低限の背景しか提示しない形で問題を選択しました。そうすることで、数学の特定の領域を学ばなければいけないというあなたの焦点をそらすことができ、効果的な数学的思考には欠かせないプロセス[2]に注意を向けさせることができたはずです。

数学的思考を伸ばす

あなたの思考を向上させる計画は、しっかりと識別できるとともに、相互に結びついた以下の二つの要素に焦点を当ててきました。

・探究のプロセス
・感情的な状態

私は、数学的思考の基礎にある特有のプロセスを第1章、第4章、第5章などで紹介することからはじめました。それは次の四つです。

・特殊化する
・一般化する
・予想する
・証明する

これらは数学的思考の基礎として当たり前かもしれませんが、初心者にとってはまだ無意識にできることではありません。こ

のプロセスをできるようにするためには、問題に取り組むだけでは十分とは言えません。見かけは単純なようでも、それらの使い方や実際に試したことを持続的に確認し、そして細かい注意を払い続けることで、ようやく親密な友人になれるという「捉え難いもの」なのです。

このことは、あなた自身の数学的思考を伸ばす際も、他の人のそれを伸ばそうと努力する場合も同じです。

より細かく言えば、書き込みをする際のアドバイスが役に立ちます。問題に行き詰まったときの賢明な進め方は、以下のようなキーワードを使って自分の思考をしっかりと把握し、あなた自身の注意を集中させることです。

・私は何を知っているのか？
・私は何を知りたいのか？
・私はどうやって確かめられるのか？

第2章では、特にこれについて扱いました。たくさんの具体的な提案が解法に至る過程で提供されました。それらは、上記の質問（や他の似た質問）への答え方や前述した四つのプロセスを実施する方法を示していました。

ここでのアドバイスは主に書き込みの使い方を通して示しましたが（第2章の最後の図を参照してください）、指示される

---

(2) 本書では、ほとんど「プロセス」（過程ないし流れ）という言葉で表されていますが、数学的思考も、探究も、一方向の流れというよりも、276ページの図に出てくるように、螺旋状に上っていくサイクルとして捉えたほうがいいと思います。また、常に上り続けるのではなく、時には逆に戻ったりすることもある、と理解していたほうが健康的な気がします。

ままに学ぶことがいいわけではありません。

　いずれにしても数学的思考は個人的すぎますし、アドバイスは、それには複雑すぎると言えます。最も信頼できるアドバイスの源はあなた自身の経験であり、それは鍵となるアイディアを感情的な状態と関連づけることによって焦点を当てることができます。

　したがって、あなたにとって大切なことは、あなた自身にとって機能する書き込み帳[3]をつくり出すことです。すべての段階において、知っていることと知りたいことをはっきりとさせることを特におすすめします。数学的思考を伸ばす鍵を握っているのは、次の２点であることも強調してきました。

　　・問題に取り組む
　　・その体験を振り返る

　この振り返りを伴った取り組みのアプローチこそ、あなたが数学的思考を伸ばし続ける際や、他の人の数学的思考の上達を支援する際に私が最も推薦するものです。

　数学的思考は、どのように探究を行うのかを学ぶことによって上達するだけでなく、その過程で味わう感情的・心理的状態に気づいて、それを利用することによっても上達します。

　最も基本的なレベルでは、負の感情をコントロールすることが大切となります。特に第３章と第６章では、行き詰まりの状態を扱いました。その一見マイナスと思われる状態からもプラスの特徴を引き出すことができること、そしてそれらを有効に活用する方法があることを指摘しました。

行き詰まることは、思考プロセスにおいては当たり前のことで、かつ容認できる状態であることに気づけると、「助けて！私は行き詰まっている!!」というパニック状態から、「私は行き詰まっている。私はいったいどうしたらいいのかな？」という探究に焦点を転換することができます。

　第5章、第7章、第8章では、行き詰まりの状態から脱する方法として、意識的に観察し、問いかけ、そして異議を唱える「内なるモニター」を育てることを提案しました。そのモニターの成長も、振り返りを伴った取り組みにかかっています。

　自分の感情的な状態を認識することは不可欠です。それによってモニターが、例えば「アハ！」と気づいたときのアクションを思い出したり、行き詰まりの状態が引き起こす麻痺状態から距離を置くことができるようになったりして、「解釈して、活用することができる」からです。

　その結果、「それらをコントロールする」ことができ、普通では抵抗してしまいがちな、ゆっくり進めたり、確認したり、証明したりといったステップを踏むことが可能となります。

　問題に取り組む際に何が起こるのかという理解を形成するには、練習が必要であることに異議を唱える人はいないでしょう。練習は、たくさんの役立つ方法を身につけ、使いこなせるようになるためにも不可欠です。しかしながら、振り返りをしない練習はあなたを押し流すだけで、あとに何も残しません。

---

(3) 私たちは、これを教師が黒板に書いたものを書き写す算数や数学のノートと違って、生徒たちが主体的に書き綴る「数学者ノート」と呼んで実践しています。

多くの人たちがそのような体験をしています。学校で教師が繰り返し図表を書くように指示していたことを覚えていますが、答えを早く出したくて、先生のアドバイスを単なる口癖と捉えていました。その結果、将来的に役立ったかもしれない経験がすべて失われてしまったのです。

いまは、問題を別な形で捉えることが、私を熱心に取り組ませてくれるだけでなく、情報を集めることにも役立つと認識しています。この振り返りこそが練習に不可欠となる伴走者なのです。経験を振り返り、最も印象的な感情的なスナップ写真として封じ込めることによって、自分がとった行動を価値ある形で保存し、そして容易に再生できる形で記憶させることができるのです。

振り返りを伴った練習によってあなたの数学的思考を上達させる方法は簡単なのですが、少し時間を要することになります。多くの算数・数学の授業で行われているたくさんの問題に素早く答えるといったアプローチ（たくさんの似たような問題をできるだけ速く解くという繰り返しの練習を通して、数学的思考が身につくという考え方）は、数学的思考を伸ばすために必要とされる時間と空間（つまり環境）とは正反対のものです。

練習は、一つ一つの問題に各自が時間をかけて取り組む必要がありますし、振り返りの質は、他の方法や発展的な問題まで考えることを含めて、どれだけの時間をかけてじっくりと検討したかにかかってきます。

これまでの章を見直していただければ、時間と空間が数学的思考を上達させるうえにおいて必要不可欠なものであるという

ことはご理解いただけたと思います。

　振り返りに割く時間は、異なる多様な期待や問題をつくり出すのに役立ちます。問題の内容の濃さが、異なる視点から何度も探究されます。それによって、将来遭遇するであろう問題への対処の仕方が、類似問題（アナロジー）やひな型といった形で広がります。

　例えば、第4章の問題「**ペンキがかかった自転車のタイヤ**」にあなたは初めて出合いました。そしてそれは、第5章の予想の誤りを明らかにしようとする議論のなかで再び登場しました。さらに第7章では、・ひ・ら・め・きの事例を提供してくれました。二つ目以降の出合いは、「**ペンキがかかった自転車のタイヤ**」という問題の異なる側面を考える機会になっていました。

　このように、一つの問題は数学的思考を捉え直す多様な機会を提供してくれるのです。

　つまり、「他にどんなことが発見できるでしょうか？」と「あなたは解けたので、他の問題をやってください」は、まったく異なる考え方だということです。

　効果的な振り返りは、新しい姿勢の形成や新しい考え方の形成を行えるようになったかにかかっています。その成否を測る基準は、どれだけたくさんの問題を解いたかではなく、一つの問題にじっくりと取り組み、そして振り返りに費やすことで得られる考え方の質にかかっているのです。

　自分のなかでこの考えを転換することや、とりわけあなたが影響を与える人たちの考えを変えることは重要かつ難しい課題なので、以下の二つのセクションで扱うことにします。

数学的思考を引き起こす

　これまで私は数学的思考の楽しい側面を強調してきましたが、それは数学的思考が簡単であることを意味するわけではありません。そこから学べるぐらいまで数学的思考を持続することは、かなりの忍耐と励まし、そして行き詰まり状態へのプラス思考が必要となります。

　権威や社会的な圧力が、表面的な（誤った）数学的思考の形態をつくり出してしまっています。例えば、教科書のなかから教師が問題を出し、生徒たちが取り組み出したとします。生徒たちのなかに変化が起こらない限り、手順の機械的な応用と前に学んだルールを使うこと以外、何も期待できません。知識と理解の間にギャップがあることを理解したうえで、そのギャップを数学的思考の引き金になるように活用する必要があるのです。
「**スーパー**」（第 1 章）という問題で、計算する順番によって違う結果を生むという予想は、最初の特殊化によって否定されました。驚きです！　当初の無関心ないし、少ししかなかった興味が好奇心に転換しました。焦点が絞られ、思考がはじまったのです。

　「**ペンキがかかった自転車のタイヤ**」（第 4 章）という問題では、おそらく問題自体が珍しく、好奇心をつくり出すのに十分だったことでしょう。問題は単純で、自然なものです。たいていは、問題の単純さゆえに予想はすぐに立てられ、そして受け入れられます。しかしながら、他の人たちとの話し合いが相互に矛盾する予想の存在に気づかせてくれ、さらに進んだ考えを

もたらしてくれました。

　これらの問題は、一つの見方に行き着いた体験が、新しい情報ないし異なる見方によって覆された例です。後者の対立する予想のように、矛盾や驚きが表面化すると、これまでとは異なる行動が起こりはじめます。もし、思考者に好奇心があり、対立を解消しようとしているなら、新しい見方は古い見方に働きかけて思考が必ず起こります。これが、私が言うところの「ギャップ（溝）が思考を引き起こす」という意味です。

　予想もしていなかった対立するデータが、たとえそれが束の間であっても、当たり前の状態から理解にはギャップがあるという気づきへと推し進めてくれるのです。これによって、以下のように表現できる緊張[4]を引き起こします。

　　・認識的には「私は理解できない」
　　・感情的には緊張・興奮しており、場合によっては不安だ
　　・肉体的には筋肉が張る

「**問題と私**」の間につくり出される緊張関係と、「私は（いい成績をあげ）**なければならない**」や「私は（何をしたらいいか）**分からない**」によってつくり出されるものを混同しないでください。

　「**問題と私**」の緊張関係には、それがさらなる興味関心を喚

---

[4] ここで言う「緊張」「ギャップ」「もがき」は、個人のなかにある問題を理解して解きたいという感情です。いまは、よく分かっていなかったり、答えが見えていなかったりするので、その「緊張」ないし「もがき」の度合いが大きいわけですが、それらを減らすことは、問題を理解し、解法に近づくことを意味し、問題を解くことの喜びの源泉となります。

起する緊張の要素があります。それに対して「**なければならない**」と「**分からない**」は、答えをすぐに出せなかったり、クラスの圧力がつくり出したりする混乱など、自信のなさに由来したものなのです。

　本当の数学的思考には、実際に取り組むことや、ある期間にわたってじっくりと考えることが必要となります。これは、できるだけ早く正しい答えを出して、より楽しい他の何かに移ることが重視されている場合は起こりません。なぜなら、理解することによって得られる、持続する深い楽しみを引き起こすだけの時間がないからです。

「何を私は**知っている**か」と「何を**知りたい**か」に焦点を当てることで、質問が浮かびます。それによって、何か建設的なことをすることでギャップが埋まりはじめます。質問によって引き込まれ、緊張関係は「**問題と私**」から「**知っている**ことと**知りたい**」に移行します。

　プラグのギャップで火花が散っているように、そしてそれが止まって、さらに行ったり来たりを繰り返すといった感じで、新しい緊張は「**アハ（分かった）！**」と「**ウーン（行き詰まり）！**」の連鎖を生み出します。個々の「アハ！」は**知っている**ことと**知りたい**ことをつなごうとするものですが、確認すると結局なんでもないので、新しい火花が出るまでじっくりと考えることになります。

　また、ギャップが狭まることを期待しつつ、じっくりと考えている間に**知っている**ことと**知りたい**ことの中身が変わる可能性もあります。それによって、元の問題が変わってしまうかも

しれません。様々に特殊化されたり、一般化されたり、あるいはまったく変更してしまうことなどによってです。さらに、類似した問題が多くの可能性を提供してくれると思いますので、私の注意は似たような、あるいは類似した問題に注がれることになります。

もし、緊張が大きすぎる場合は、取り組まれることがないかもしれません。例えば、第5章の問題「**反復する**」は、簡単な問題に見えたのに実は難しかったというように、時には問題に取り組んでいる間に、**知っている**ことと**知りたい**ことのギャップが広がる場合もあり得ます。

「**問題と私**」に火花がついたのに、ギャップが大きすぎるときは緊張が消え去り、興味がなくなってしまうものです。一方、過度の緊張は思考の妨げになるか、急ぎすぎて袋小路に陥ってしまいます。

しかしながら、一人ひとりは違うのです。したがって、あなたは自分自身の緊張を認識し、そしてその結論に委ねること、さらには、あなたが教える人たちの結論を尊重することを学ばなければなりません。

欲求不満がある状況のなかで考え続けることは容易ではありません。未解決の対立、矛盾、つじつまの合わないことがあるという事実を個人的なチャレンジであると認識すると同時に、そのチャレンジを受け入れるだけの自信をもっている必要があります。このことを理解すると共に、生徒たちの興味関心に敏感な教師であれば、思考を刺激する問題を選ぶことができるはずです。

数学的思考をサポートする

何もないところで思考は起きません。あなたがそれを意識するしないにかかわらず、認識的な雰囲気と感情的な雰囲気の両方があなたの思考に影響を与えます。

優れた数学的な思考者になるためには、自分のアイディアを試すことと、自分の感情にうまく対処することが必要となります。自信の基礎は、自らの理解を高めるのに役立つ思考のパワーを体験することにあります。個人的な振り返りの体験だけが、それを可能にしてくれるのです。

たとえそれが部分的であっても、自分が達成したことを振り返ることで自信は高められます。自信というものがどれほど大切であるかを認識し、すべての子どもが達成感を味わえるサポーティブな（みんなが助け合える）環境をつくり出すことが、教師にとっては特に重要となります。もちろん、グループで活動することが役立ちますし、適切な問題を選ぶことが不可欠と言えます。

自信が育つ環境は必要不可欠なわけですが、それだけでは十分とは言えません。花開くためには、数学的思考が育まれるだけでなく、応用発展を考える必要もあります。

特に、以下の三つの要素がそのような環境をつくり出します。それらは、あなた自身の数学的思考にも必要です。さらにそれらは、あなたが他の人たちの数学的思考に影響を及ぼす立場にいるならば、決定的に重要なことだと言えます。

・質問する

・チャレンジする
・振り返る

　自信が鍵となるので、必要な姿勢（態度）は「私は……できます」の文章でまとめることができます。

○質問する
・私は、探究するための質問を見分けることができる。
・私は、前提となっている共通認識に対して疑問を抱くことができる。
・私は、言葉の意味の折り合いをつけることができる。

○チャレンジする
・私は、予想を立てることができる。
・私は、説明を求める、ないし論証を反証することができる。
・私は、確認する、修正する、変更することができる。

○振り返る
・私は、自己批判することができる。
・私は、異なるアプローチを求めたり、評価したりすることができる。
・私は、方向を変えたり、合意を求めたりすることができる。

最も早い段階から、「質問をする」、「チャレンジする」、そして「振り返る」自信を子どもたちは養うことができます。しかしながら、それは奨励され、かつ促進されなければなりません。子どもたちの好奇心は育まれ、探究する能力は形成され、自信は維持される必要があります。もし、あなたがそのような体験をしていなかったなら、自分自身のためにもそのような環境をつくり出すべきです。

　質問する技を磨くことは、必要以上に方法や知識に依存することを防いでくれます。第8章では、あなたの数学的思考を養うために役立つ自信とスキルを身につけるための助けとなる、異なるレベルの質問について説明しました。それらを自分の質問で検証し、証拠を求め、健康で懐疑的な姿勢を育てるために使ってください。そして、価値ある質問とは、適切でなければならないことを覚えておいてください。

　もし、あなたが他者の学びに影響を及ぼす立場にいるなら、どのくらい頻繁にその人たちが考える機会をつくり出しているか、自分たちの質問を発表しているか、予想に対してチャレンジしているか、そして証明されたことやされなかったことを振り返っているか、に注意してください。

　本書のここまでを振り返ってみると、このような環境が底辺に流れていたことに気づかれると思います。私は、質問すること、チャレンジすること、振り返ることを、数学的思考をする際の自然なやり方として捉えています。これらのことを再認識したいまは、さらに質問すること、チャレンジすること、振り返ることがあなたの解法に違いを与えるか、読み直したうえで

試してみてください。

　例えば、第1章の問題「**回文数**」では、すべての回文数は1001に110を足し続けることで得られるという予想をすることができました。でも、私の内なるモニターは活発で、反例を提案してくれました。私の予想はチャレンジされ、その結果、より好ましい予想を立てさせてくれました。

　子どもたちのいる教室でも、そのようにチャレンジしたり、再チャレンジしたりすることは、探究のやり取りの一部として、そして内なるモニターが育つ習慣として奨励されるべきです。たとえあなたが立てた予想をどのように確認してよいのかが分からなかったとしても、予想を予想として立て、そしてそれを予想として置いておくことに価値があります。予想を立てるという体験をすること自体がとても重要なのです。

　子どもたちに正解を求める環境と、予想を立てさせ、それらにチャレンジし、修正し、そして（最初はあなた自身に、そして次に誰か別の人に！）証明してみせることを求める環境とはまったく異なるものです。後者のような環境では、次のような質問がベースになります。

・それをどのように解釈したらよいのだろうか？
・それを前提にしてしまうのはどうしてか？
・それができるのはどんなときで、できないのはどんなときか？
・それはどういう意味か？

　こうした質問によってこそ、数学的思考は育まれるのです。

数学的思考を持続させる

　数学的に思考すること、それ自体が目的ではありません。あくまでも、世界の理解を深め、私たちの選択肢を広げるためのプロセス（手段）です。

　それは単なる手段なので、数学的ないし科学的な問題に取り組むときだけでなく、より一般的な問題への幅広い応用が考えられます。しかしながら、たとえその解法が見事だったり、問題が難しかったりしたとしても、数学的思考を維持するには問題の解答を得る以上のことが伴います。

　本書の目標は、数学的思考が自己形成に貢献することを示すことでした。

　これまでの章に取り組み、書き込みを加えながら記録を残す努力を積極的にし、そして最も重要なことですが、時間をかけて鍵となるアイディアと節目を振り返ったならば、あなたはたぶん、問題に取り組むということについて前よりもはっきりと認識するようになっていることでしょう。この認識とは、あなたの想像以上に広大なもので、なおかつ、想像以上にあなたのなかに浸透しているものです。

　認識は、知識、情報、体験、知覚と、互いや世界に対してもっている感情という、まったく異なる二つの領域をつなぐ架け橋です。

　第６章で紹介した問題「**正しいか、間違いか？**」（自己言及パラドックス）のように、認識はそれ自体で機能します。自分を助けてくれるプロセスの存在を意識している必要はあります

が、そのプロセスを使いこなそうと学んでいる間、同時に内容を学ぶことはできません。

しかしながら、いったん内容とプロセスが意識できたなら、バラバラであろうと関連づけてであろうと、認識は異なるレベルに拡張します。同時に、自分自身がかかわっていることと、そのかかわりがもたらす心理的な結果について意識することになります。

認識の高まりは、たまたま起こるものではありません。育まれ、注意が払われ、意識したうえで形成されるものです。私は、数学を自分の認識に焦点を当てる対象として選択しました。当初、多くの人たちにとって、特に数学を容易にこなせなかった人たちにとっては、この選択は異常な、さらには馬鹿げたものと写ったかもしれません。

意識を、科学としてではなく、常に特権をもったアート（創造性）として捉えられてきました。しかしながら数学的思考は、構造化の方法、アプローチの仕方、振り返りのパワー、創造性および美の可能性などを提供することができるので、意識に特別な貢献をもたらすことが可能となります。

質問の焦点が具体的で物質的な世界にかかわるものであろうと、本書で取り上げた数やパターンや構造などのように抽象的なものであろうと、それらを解くことが楽しさと自信を与えてくれますし、意識が成長する場所と時間を提供してくれます。つまり、個人と物質的な世界のより近い、そしてより効果的な関係を築いてくれるのです。

数学的思考を、螺旋状にぐるぐる回りながら上っていくもの

としてイメージしてみてください（右ページの図を参照）。それぞれの輪は、理解を促進する機会を表しています。モノを**操作する**[5]ことによって、アイディア、モノ、図表、記号に出合い、最低限の驚きか好奇心が喚起されて探究を推し進めるのです。

取り組みが起こるレベルは具体的で、自信がもてる必要があり、操作の結果は解釈に使われることになります。何が予期されたのかと、実際に何が起こったのかのギャップによって起こる緊張は、プロセスを持続する力を提供します。

パターンないしつながりの感覚は、緊張を解除して、プロセスを維持する達成感、驚嘆、楽しみ、さらなる驚きや好奇心をもたらします。実際に何が起こっているかという感覚はまだ不明瞭ですが、一般化で表現できるような感覚になるまでより多くの特殊化が必要となります。

表現は言葉に限定されません。それは、具体的なものだったり、図表や記号などでもかまわず、よく知っているものや自信のあるもの（要するに特殊化）を操作することで構造化された関係が認識できるようになります。得られた表現は、すぐに新しい操作で使えるものです。

右ページの図のように、思考は螺旋状に回っていきます。それ以降の輪は、思考者がより複雑で深いレベルで取り組んでいると見なしています。輪がつながっていることは、いつでも前の段階に思考者が戻れるチャンスのあることも示しており、揺らいだ表現には修正が加えられることになります。

この図は、プロセスと感情的な状態がダイナミックに、相互に関連していることを表しています。入り口の段階で問題に取

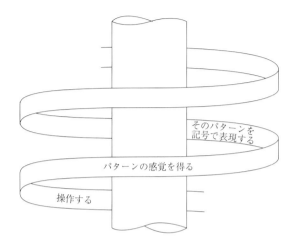

り組みはじめるときは特殊化が必要です。あなたにとって具体的なモノを操作する（自信をつける）ことがギャップをつくり出し、取り組みを引き起こします。

　予想することと証明することが、問題の根底にある感覚（核心）に導いてくれます。そして、その感覚が一般化の表現につながるのです。つながりが見えたなら、最終的には振り返り[6]の機会がもたれます。

---

[5] 操作することは、この後の文章で説明があるように、特殊化とほぼ同義です。特に、椅子やブロックや紙などのものは操作しますが、特殊化するとは言いません。

[6] この部分は、ポリアの問題解決における４段階の最後のステップを参考にしています。一般的には、実際に自分が解いた問題を振り返ることと捉えられるわけですが、「他の問題にその結果や方法が応用できるか考えてみる」ことも、極めて効果的な振り返りの一部であると捉えています。『いかにして問題をとくか』（G・ポリア／竹内薫訳、丸善出版、1975年）を参照ください。

- **後ろを振り返る**——元の状態や入り口・取り組みの段階の経験から一般化を導き出したプロセスについて
- **前を見る**——得られた一般化から、それが示唆する応用発展可能な問題やパターンを

それをすることで、次の複雑さのレベルのさらなる操作への刺激がつくり出されます（下図を参照）。

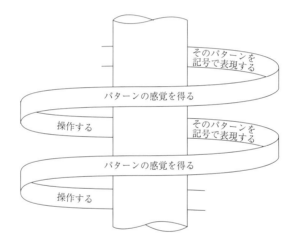

第4章の問題「**重い椅子**」を改めて考えてみてください。活動は椅子の物理的なモデル、あるいは頭の中に描いたイメージを操作することではじまりました。操作することの目標は、椅子を要求されたとおりに動かすことができるかどうかを明らかにすることです。不可能な感覚が湧き起こり、予想として表現されました。

「それが可能だとは思えない！」

でも、なぜか？　間違いないだろうか？　より長いルートを取ったら求める結果が得られるだろうか？　いまの段階での操作は、より高い目標の「なぜ」に答えることでした。

不可能であることの理由を探すことで、おそらく、より抽象的な考え方が物理的なモデルに取って代わることになります。椅子がどこまで行ったのかを示せるように、私は矢印の記号を導入しました。でも、それはあまりはっきりとはしておらず、具体的でなかったので、より具体的にする方法を考える必要がありました。

それによって、動きではなくて、横や縦の位置の感覚を得ることができました。そして、記号は私の思考を拡張したものとなったので、自信をもってそれを操作し、ようやく明確な私の解法が表現されました。

瞬間的に理解を失ったり、混乱や完全な困惑に直面したりしたときに取る良識ある行動は、螺旋を逆戻りして、パターンの感覚やより具体的な事例に訴えかけることです。理解を得るために難しいところで行う特殊化は、螺旋をしっかりとつかみ直して、より確実に登りはじめる基礎となります。

不幸にも、記号を使っての表現があなたにとって明らかで、あなたが他の誰かの思考を助けようとしている場合、簡潔で明瞭な表現に飛びついて（特定の用語や記号を使いがちとなりますが）、助けようとしている人にとってはまったく馴染みのないものであることに気づけないことがしばしばあります。螺旋を操作すること、パターンの感覚を得ること、そしてそのパターンを記号で表現することの違いをしっかりと認識することは、

あなたや助けようとしている生徒たちがいまどこにいて、何をする必要があるのかを明らかにしてくれます。

　抽象的なものが十分な体験で裏づけられておらず、意味づくりが必要なことを示してくれています。理解のギャップ（溝）がどこで生じたのかを評価する助けにもなり、それによってどのような支援が必要かを示してくれます。

　それは、私たちが何か新しいことを理解しようとするとき、「例を示してください」とか「説明してください」と言うことからも明らかです。

まとめ

　私が紹介してきた数学的思考の全体像は、以下の質問に答えることで理解できるはずです。

質問：数学的思考とは何ですか？
・私たちが対処することのできるアイディアの複雑性を広げ、そして理解を押し広げてくれるダイナミックなプロセス。

質問：それをするために何を使いますか？
・特殊化、一般化、予測、証明（第１章、第４章、第５章）。

質問：どのように進めますか？
・入り口、取り組み、振り返りの三つの段階（第２章）。
・はじめる、実際に取り組む、じっくり考える、やり続ける、

ひらめく、懐疑的になる、検討するの「七つの感情」と、それらと関係する各状態（第7章）。

質問：特に強調する段階はどれですか？
・入り口――取り組みへの基盤になるので。
・振り返り――最も認められておらず、しかも最も教育的効果が高いので。

質問：何が数学的思考を高めますか？
・振り返りを伴った練習。

質問：何が数学的思考をサポートしますか？
・質問すること、チャレンジすること、振り返ることと、ゆったりとした空間と時間のある環境（第9章）。

質問：何が数学的思考に刺激を与えますか？
・チャレンジ、驚き、矛盾、認識されている理解のギャップなど。

質問：数学的思考はどこに導いてくれますか？
・自分自身のより深い理解。
・知っていることについての、より理路整然とした見方。
・知りたいことについての、より効果的な探究の仕方。
・見たり聞いたりすることについての、よりクリティカルな評価。

本章（および本書）に含まれていた重要な点は、以下に示す五つの文章で表すことができます。

❶誰もが数学的に考えることができる！！
❷数学的思考は、振り返りを伴った練習によって上達する。
❸数学的思考は、矛盾や緊張や驚きによって刺激される。
❹数学的思考は、質問すること、チャレンジすること、振り返ることが大事にされる環境によってもたらされる。
❺数学的思考は、あなた自身と世界を理解する助けになる。

あなたの成功の鍵は、日々の暮らしのなかで遭遇する問題に対して、数学的思考ができるか否かにあります。すべての思考は、痛みと楽しさの両方を伴います。痛みには、理解できないことや理解に向けた・もがき・などが、そして楽しさには、ひらめきや説得力のある証明などが含まれます。

本書で紹介したアプローチが、具体的な方法、つまり痛みを和らげ、それを価値ある体験にするために、楽しさや取り組み続けるだけのエネルギーに変える方法をみなさんに提供できたことを私は願っています。

> 資料

パワー、テーマ、世界、着目

　この資料は、本書で展開した数学的思考の中心的な要素に関する拡張した用語解説です。ここに掲載された情報は、他の人たちの数学的思考を育てることをサポートする際に助けとなると同時に、あなた自身の数学的思考への意識を高めるために役立つはずです。

生まれながらのパワーとプロセス

　私たちの主張は、すべての子どもは生まれながらパワー（力）をもっており、数学的に思考するという本当の意味は、そのパワーを数学的に、そして数学的な問題の探究に使う方法を学ぶということです。パワーが生まれながらに備わっているということは、それが人間の知性と一体になったものであり、人間的な活動のあらゆる分野で使われているからです。

　しかしながら、多くの生徒たちにとっては、あらゆる分野における体験の根本は同じであっても、算数・数学を学ぶということに関しては自然な活動からほど遠いものとなっています。レフ・ヴィゴツキー（Лев Выготский, 1896〜1934）が言ったように、算数・数学を学ぶということは「科学的」な営みで、この領域で人間の知性の基本的なプロセスがどのように応用できるのかを理解するために、時には、よりたくさんの経験をもつ教師のような存在が多くの人にとっては必要なのです。

● 特殊化と一般化

ジョージ・ポリア（母語のハンガリー語ではジェルジ・ポーヤ。ivページ参照）は、特定化の代わりに「特殊化」という言葉を使いました。特殊化は、より少ない次元、より少ない変数、より少ないパラメーター、簡単な数などのより単純なケースや複雑さを軽減する0や1か、その他の数字などの特別なケースを考えることを意味します。

しかしながら、生徒たちによって見落とされがちな点は、特殊化するのは答えを得るための方法ではない、ということです。あくまでも、他のすべてのケースに当てはまるかもしれない関係に気づくために、特殊なケースでテストして観察することです。

言い換えると、特殊化の目的は、一般化のための構造的な関係に気づくことです。第1章で提示したように、特殊化は次のような方法で行います。

・問題の感じをつかむために、まずは無作為に
・一般化に向けての準備のために、系統的に
・一般化をテストするために、巧みに

一般化は、特別なもののなかに位置づけるのではなく、あくまでも関係を強調することによって「特別なものを通して見る」というプロセスです。カレブ・ガテーニョ（255ページの注を参照）は、「いつでもある点を強調する結果、他の点を無視し、そしてそれが一般化をもたらす」ことに気づきました。

時には、二つの異なる一般化を区別することが役立ちます。それは、経験的一般化と構造的一般化です。

「経験的一般化」は、あなたがいくつかの、時にはたくさんの事例を見て、それらすべてに同じことは何かを問うことで得られたものです。同一性を強調すること（それは、同時に違いを無視しています）で、あなたは効果的に一般化ができるのです。あなたが同一性を表現した

ときに一般的な特性を予想します。そしてそれは、構造に言及しながら証明されなければなりません。

それに対して「**構造的一般化**」は、あなたが一つ、ないし数少ない事例の関係に気づくことから得られます。その関係を特質として捉えることで、あなたは一般的な特質を予想し、根本的な構造に言及しながら証明する必要があります。

第1章でまとめられ、その後の章で詳しく見たように、一般化とは、パターンを見いだしたうえで次のことを可能にするものです。

・何を正しいと思えるか（予想）
・なぜ正しいと思えるか（正当性）
・それが応用できそうなところはどこか——さらなる一般化は可能か？

経験的一般化、つまりたくさんの事例から見いだした特性が正しいかもしれないという予想を見つけるプロセスは、科学的帰納のプロセスに似ています。しかし、科学的帰納にはあなたの予想した一般的な特性が正しいかどうかを確かめる方法がありません。自然は、絶対に「イエス」とも「ノー」とも答えないのです。

しかしながら、数学では構造的一般化が可能で、経験的一般化から導き出した予想を論理的思考によって証明することができます。数学では、合意した特性に基づいて「イエス」か「ノー」の答えが出せるのです。（数学的帰納法は、たいていは自然数にまつわる一連の関係に関する予想についての論法の一形態であるという点においても、科学的帰納とは異なっているということに留意してください。）

本書を通して明らかなことですが、一般化と特殊化は密接に関係しています。この二つの関係は、次に挙げる標語がよく捉えています。

・一般的ななかに特殊性を見つける。
・一般的なものは特殊性を通して見つける。

いつでも、数学的な問題が解けたときや数学的な概念の事例に遭遇したときは、**可能な他の側面**の存在はあるのかと、自分自身に問いかけてみることが効果的と言えます。この言葉は、スウェーデンの教育心理学者であるファレンス・マートン（Ference Marton）が、「学ぶことはある概念を学ぶなかで、事例は変えることができても、事例であり続けることを理解することである」と提起したことと関係しています。

したがって、三角形があるとしたとき、角度を変えずに他に何を変えることができるでしょうか？　角度に影響しない行為には、線の長さを変えるか、空間のなかでそれを移動させるか、回転させることが含まれます。これらはすべて、角度もその他の側面も維持したままとなります。

もし、あなたが可能な他の側面の存在を知らないとすると、それについて認めたり、理解したりすることはできません。言い換えると、可能な他の側面の存在に気づけると、概念の理解は深まるということです。

いずれかの特性を変えられる場合、例えば、角を挟む両方の線は共に正の数であることや、整数を使って数える問題では小数値は認められないなど、許容される側面について考えることが大切となります。

第1章の問題「**横長の細い紙**」の折り目の数を表す2^n-1の式では、題意からnは自然数に限定されています。似たような式を伴う他の問題（例えば、毎年2のn乗ずつ増え続けるn年後の人口）では過去の場合も考えられるので、nが自然数以外のときに意味があります。

教師は変化する特性について知っており、生徒たちはそれらを全部知らないので、形容詞の「可能な」と「許容される」が使われます。したがって、「可能な」を使うときは、生徒たちがすべての側面の存在に気づいているのか確認することを求めています。同じように、生徒たちが特定の側面を知っていたときも、すべての側面について知っ

ているわけではありません。

　実際、数学者たちの数字という言葉の使い方には、元々の数字を数える以外のいくつかの使い方があります。生徒たちは、考え得るすべての側面をすぐに気づけない場合が多いため、限定された枠のなかの思考に留まりがちとなります。このよい例が第4章の問題「**連続する自然数の和**」です。負の整数まで含めて和を求めることが正の整数の和を求める問題の助けになっています[1]。

○ 予想することと証明すること

　数学的に実りの多い環境では、いくつかの予想が比較的早く、部分的なものとしてつくられます。回転式乾燥機で衣類を乾かすように頭の中で可能性をグルグル回し続けて混乱する代わりに、予想を言葉に表すことでより冷静に見ることができます。ポリアは、一度予想を立てたなら、それは信じるべきではなく、どのように修正したらいいかを考えるべきだとよく言っていました。

　一度予想が立てられたなら、目標はそれを数学的に証明することに転換します。「定理」という言葉の根元的な意味は「見ること」ですから、予想は状況の一つの見方と解釈できます。

　数学的な証明は、あなたが言っていることや見えていることを他の人にも見えるように説得する思考として構成されます。数学的思考を育てるには、まずは自分自身を、そして友好的な質問をしてくれる友だちを、最終的には額面通りには受け取ってくれない疑い深い人や「敵」にまで数学的論証で納得してもらう必要があります。

　いくつもの事例（特定あるいは特別なケース）を集めることは、直観ないし予想を養うのに役立ちますが、結局のところ必要なことは、

---

[1] これは、例えば、$5 = 2 + 3$ だと二つの自然数の和になってしまうので、負の整数まで含めると、$5 = (-1) + 0 + 1 + 2 + 3$ という五つの整数の和として表現できるところが「助け」という意味です。

すでに合意されている特性を使った、一つから次へと論理的につながっている数式の並びです。この点については、第4章から第7章で詳しく述べました。

◯ 想像することと表現すること

　想像することには、頭で何かを思い浮かべるだけでなく、感覚をベースにした経験を思い出すことなどといった心的イメージをもつすべてが含まれています。このパワーも、想像したことを異なる形態で表現することのパワーも、本書の初版でははっきりと言及していませんでしたが、それらはすべての思考の基礎であり、特に数学的思考では重要となります。

　予測することや期待をもつことは想像力を駆使することを意味し、関係を言葉に表し、それらがいろいろな事例に当てはまる特性であると提案することに心的イメージを伴います。ですから、あなたが計画したり、準備したりするときは常に心的イメージを使っていることになります。もちろん、可能性を考えるときや数学的な関係を意識するときにも心的イメージを使っているのです。

　しかし、イメージだけでは自分の世界に浸っているだけとなります。自分が想像していることを表現し、関係を捉え、そして特性をしっかりと把握し、理解した特性を表現したり書き表したりすることを学ぶことでイメージが表されるのです。

　認識した対象や気づいた関係、そして把握した特性を表すために、図表、声や身振り・手振り、言葉や記号を使うことが可能です。個人の頭の中だけで体験したことを他の人たちが理解できる形で表すまでは本当に共有されたことにはならない、ということを学ぶことは、数学的思考が学習者の一般的な社会性の発達に貢献できる重要な要素となっています[2]。

　行き詰まり状態になったときは、障害になっている点について話せ

る誰かを探すことが大きな助けとなります。言葉に表すことによって、それまでは無意識に重視していたことや無視していたことに気づけるようになり、これまで見過していた方向に進めるようになるのです。

◯重視することと無視すること——拡張することと制限すること

　ガテーニョは、「人間は物事のある要素を無意識に重視し、結果的に残りを無視します」と指摘しました。例えば、347という数を見て「3＋4＝7」という関係に気づくかも知れませんし、それが3桁の十進法のなかで、最初の二つの数字の和が3番目の数字、ないし、いずれかの二つの数字の和が残りの数字という思考を切り開いてくれるかもしれません。

　数字の間で認識された関係は、他の数字がもっているか、あるいはもっていない特性となります。ある特性を重視し、結果的に他を無視することで得られるのが一般化で、その関係は特性になります。関係が数学的特性になったとき、それは「数学的一般化」したと言えます[3]。

　時には重視することが重要であり、時には無視することも重要です。ある問題を解こうとするとき、それに含まれる変数の意味を重視することは効果的ではないかもしれません。足し算の手順を重視することは、第1章の問題「**回文数**」では的を射ていましたが、同じく第1章の問題「**横長の細い紙**」では不適切でした。しかしながら、必要のある新しい概念を学んでいるとき、プロセス（例えば、式をどのように解いたらいいかの詳細）に注意を払わなければならないことによって、学習者はしばしば閉じ込められてしまうことがあります。

---

(2) この部分については、『算数・数学はアートだ！』の「パート2」でかなり分かりやすく扱われていますので、ぜひ参照してください。
(3) つまり、関係には数学的とは言えないものもあります。例えば、すべての定義は太字ないし斜体で書かれていることに気づいたとしても、それを数学的一般化とは言いません。

数学では、意味を拡張する、ないし制限するという行為は、重視することと無視することを増幅するか縮小するかの現れとなります。予想を証明するには、一連の主張が事実として認められた特性に基づいて、論理的に筋道が立っていることを見せなければなりません。したがって、この過程で直観に訴えかけたり、「たくさんの事例を試すことで分かります」と言ったりすることは許されません。

● 分類することと特徴づけること

物事を分類するということは自然なことです。事実、それは言葉がしてくれるものであり、名詞と動詞が一般的です。したがって、私たちがそれらの一つを使うとき、私たちが考えていることがその言葉のなかに含まれるか、あるいはそれと関連する特性をもっていると判断したときに分類が成立します。

もちろん、言葉にはとてもあいまいな境界があります。したがって、ある状況で一つに分類されたものが他の状況では別な形で分類されることもあります。

例えば、木の切り株はキャンプをしているときは椅子として使えますが、公式のレセプションでは使えません。あるいは、三角形の形をしたプラスチックの場合、ある状況では三角形で通りますが、別な状況では三角の形をしたプリズムを指すこともあります。また、住所の番号は通りに面して順番に並んだ数（つまり、片側が奇数番号なら、もう一方は偶数番号）になっています[(4)]が、完璧な正方形や立方体や素数はここではまったく関係がありません。

何かを分類することは、特徴、つまり周りから識別できる何かに気づくことを意味します。特徴づけることは、ある特徴を共有する集合体を形成することを意味します。その分類に含まれるすべてのものはその特徴を満たしており、逆に、それらの特徴を満たしているものはすべてその分類に含まれます。

広く浸透している数学的なテーマは、特徴によって分類することであり、さらにそれらの特徴を他の特性によって特徴づけることです。

　例えば、偶数の正の数は2で割り切れるという明確な特徴をもっていますが、それは十進法で表現されたときに「0、2、4、6、8」という一の位になることを意味します。また、3で割ったときに余りが1になる数の特徴は、3の倍数に1を足した数であると特徴づけられます。

　後者の特徴づけのほうが、余りを使った特徴づけよりも負の数に拡張するときには容易です。実際、「3n＋1」という表し方は負の数の余りにも適用することができます。

　私たちが生まれながらもっているパワー、つまり分類することと特徴づけることは、後述するもう一つの数学的なテーマである「することとしないこと」と関連してしばしば現れます。

○ 要約

　以上で説明した生まれながらもっているパワーは、話ができる子どもによって証明されています。言葉を獲得するということは、これらすべてを使いこなせることと同じだからです。したがって、ここで問われるべき質問は、授業で子どもたちが自分たちのパワーに気づき、使い、そして磨くことを奨励するのか、それとも教科書と教師が子どもたちの代わりに仕事をし、その結果、数学的に考えることを妨げるのか、ということになります。

　数学のような教科や数学の異なる領域で学ぶという行為には、領域に特化した方法[5]で、それらのパワーを使いこなすことを学ぶということが含まれているのです。

---

(4) 残念ながら、このことは日本の住所にはあてはまりません。

数学的なテーマ

○することとしないこと

数学的な行動を起こしたり、実際に数学的な問題を解いたりした（つまり「すること」の）あとにあえて行動を起こさない質問をすること（つまり「しないこと」）で、さらなる探究が可能となります。例えば、問題が解けると思ったら、他の似た問題で同じ結果が得られるものは何か、あるいは似たような問題でどんな結果が得られるのか、と自問してみてください。

あなたが知りたいことと与えられていることを交換することで、何が起こるのかと探究することでより深く探ることができます。新しい問題設定は、大抵の場合、創造性が伴うことになります。例えば、以下のようなものです。

- もし、することが「掛けること」だったら、その逆は複数の答えがあり得る因数です。それは、素数の概念や素数には約数がないという事実に導いてくれます。
- もし、することが「足すこと」だったら、その逆は引くことや複数の数の和として表すことです（例えば、$6 = 1 + 5 = 2 + 4 = 3 + 3 = 1 + 2 + 3 = 1 + 1 + 4 = 2 + 2 + 2$）。あるいは、二つの数とその和を求めるように指示される代わりに、一つの数と足した数が与えられ、もう一つの数を求めるのです。
- もし、三角形の端を糊づけすることで多角形をつくることがすることだったら、その逆は多角形を分解して三角形にすることです。それはたくさんの方法でできますが、多角形を三角形に分解したり、頂点の少ない多角形で証明したりすることはとても難しいです。
- もし、多面体を一致する面で糊づけすることがすることだったら、その逆は頂点や縁を含めた面で多面体を分解することです。

多面体のなかには、素数と同じように分解できないものがあります。
・もし、一次方程式を解くことがすることだったら、その逆は同じ答えをもっている二つの一次方程式のセットをすべて見つけることです。

● 変化の真っただ中の不変

　数学の定理の多くは、容認されている変化のなかで不変なものを言葉にしたものです。例えば、以下のような場合です。

・同じ数を二つの数にそれぞれ足すと、それらの差は不変です。二つの数に同じ0以外の数を掛けると、二つの数の比率は不変です。
・ある分数の、分子と分母に同じ数を掛けたら二つの分数は等価です（有理数としての数値は不変です）。
・三角形の形がどのように変わろうと、平面上の三角形の内角の和は180度であり不変です。
・移動、回転、鏡映[6]によっても、多角形の面積、角度、長さは不変です。
・三角形の底辺に対する頂点を底辺に平行に移動させても面積は不変です。
・二つの直線が交わるとき、いずれかの線を平行移動させても交わる角度は不変です。

　どんな数学的な状況においても、どんな行動がとれるのか、そして

---
(5) 例えば、純粋数学、代数幾何学、量子物理学、力学、流体静力学などの領域は、異なる固有の思考法をもっていると同時に、本書で扱った共通の要素をもっています。
(6) 空間内の図形を、ある平面に関して鏡に映すような面対称に移すことです。

興味のある関係が不変であるのかについて自問してみることは有効です。

◉ 自由と制約

ポリアは、見つける問題と証明する問題という二つのタイプに問題を区別しました。見つける問題は、何かをつくり出す課題と捉えられます。この種の問題は、提示されている制約を満たすもの（数、式、図形など）を考え出します。仮に制約なしではじめられるなら、選択の自由が提供されていることを意味します。

制約が足されるたびに自由は制限されます。すべての段階で最も一般的な答えを求めることで、元の問題の答えをつくり出すことができます。複数の制約がある場合、一つずつ順番に制約を片づけていく方法がとても役立ちます。

例えば、第4章の問題「**連続する自然数の和**」では、和に負の整数を使う自由を与えることで奇数の因数に関連した根本的な構造が見えるようになりました。一方、第6章の問題「**九つの点**」では、前提となる制約から自由を得ることで解法を得ることが可能となりました。

数学的な世界

数学的に考えるためには、異なる体験の世界を行き来する必要があります。ジェローム・ブルーナー[7]の見識（それは、古代インド亜大陸の心理学まで遡ることができる）に基づいて、以下の三つの世界について考えることが効果的であることが判明しています。

- 自信をもって「もの」を操作できる世界──それは物質の世界のものかもしれないし、抽象的なモノ（数字のような）やイメージやシンボルかもしれない。複雑性が圧倒しそうなときは、より自信のもてるところに戻ってみることが至極当然だし、妥

当である。これは、特殊化が達成してくれることである。
・概念について直観や、かろうじて表現できる程度の世界。
・まだ、自信をもって操作することはできない抽象的なシンボルや記号の世界――自信をもって操作できるようになり次第、現実世界にすっと入れる。

これらについては第9章で触れました。

数学や概念に支配された分野の学習は、正確に描くことに精通することを伴います。それは、あなたが考えていること、あなたが関心を向けているもの、そしてどのように関心を向けているのかなど、細部にわたってはっきりと表すのに使われます。精通する度合いが増すと、考えや見解はしっかりと定着した概念となり、着実にあなたが感じたり、思いついたり、体験したりする部分の一部になっていきます。

抽象的なシンボルや記号は、それら自体が「具体的」になったかのように、具体的に操作可能となります。これらの世界の間を行き来することで理解を高め、価値が分かるようになり、さらに理解するようになるのです。

上記の三つの世界が、物質的ないし数学的モデルに表れる数学的な状況モデルをつくり出す際、背景となる構造を提供してくれます。それは、関係に気づいたり、多様な状況で当てはまる特性だと思いついたり、それらの特性を特定の形で（必ずではなくても大抵は代数的に）表したりすることを通して、ある状況を数学的な用語で理解することを意味します。

したがって、問題は比較的親しみがあり、具体的な状況からはじまり、心的イメージを使うことを通して必要な特徴が見つけられ／確認

---

(7) (Jerome Bruner, 1915〜2016) アメリカの教育心理学者、認知心理学者で、足場かけ理論や発見学習などの提唱者として知られています。

され、可能性のある妥当な関係が認められ／表され、そしてプロセスを通して特性になるのです。

これらの関係が数学的に表されたとき、あなたはシンボルの数学的世界に入ります。そして、それらを操作することを通して数学的な解法に至るのです。

その後、心的イメージの世界を通して確認します。そして、元の状況に戻って、妥当な前提は明確で合理的かをチェックし、同時に解法が元の問題をしっかりと解いているかも確認することになります。

生徒たちに教えるとき、通常、教師は生徒たちが親しみのある実際のものを扱えるようにしながら構造的な関係を使います。つまり、十進法を学ぶ際の「立方体、正方形、棒」[8]、一次方程式を学ぶ際の上皿天秤、そして数を学ぶ際の数直線などが数学的な概念を教えるときのモデルとして使われています。

しかし、これらのモデルは、生徒たちがそれらの使い方をよく知っており、単に手で操作するのではなく、使いながら自分がしていることを言葉で表現できるようになったときのみ効果的なのです。

2進法や5進法などを含めて、あらゆる記数法[9]は、「立方体、正方形、棒」のブロックで量を表すことができます。十進法を学ぶ際は立方体や正方形などで容易に表せますが、位取りを学ぶときはうまく表せません。つまり、一つの立方体と二つの正方形は、それらがどこにあろうと1,200個に代わりありません。方程式を学ぶ際に上皿天秤を使うときも、負の整数を扱う際には問題が生じます。

着目

すべてのパワーやテーマと着目の移動を結びつけるために、特定の形容詞と名詞がこの資料では繰り返し使われました。このセクションでは、この点について詳述し、問題が解決するのは着目の移動にある

ことを提案します。

時折、人はポスターや図表や練習などの場面や状況を見て凝視することがあります。そのとき、全体を見、全体を全体として受け取っています（①）。

もちろん、全体を構成する部分についての意識はありますが、着目している支配的な特徴はじっと見つめることにあります。じっと見つめる理由の一つは、全体的な感覚を得、そして、類推による共鳴や換喩的(10)引き金を使って可能な行動をもたらすことです。

時折、着目は、ある要素だけを選び取り、枠をはめてそれに集中し、じっくり見つめるために全体のなかの一部のみを選び出すことなどを

---

(8) 日本では「算数タイル」と言われています。タイルが10個で棒になり、それが10本で正方形（100個）になり、それがさらに10集まると立方体（1,000個）になります。

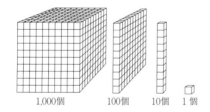

1,000個　　100個　　10個　　1個

(9) 6進法から1進法を表すモデルは以下のとおりです。

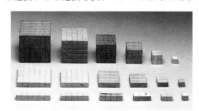

©The Board of Trustees of the Science Museum

(10) ある事物を表すのに、それと深い関係のある事物で置き換える方法のことです。

通して、目利きのように詳細に焦点が絞られることもあります[11]（②）。「あれでなく、これ」は、目利きのように詳細に焦点を当てたときの特徴です。すべての学習は、それまで見分けられなかったものを見定められるように、学ぶことの何らかの形態と捉えることができます。

時折、着目は、状況のなかで区別できる要素相互の関係を認識することに関心が向けられることもあります（③）。数学の多くの部分は、関係を認識し、そして表すことであると説明することができます。

そして、それらが証拠をもった特性に変わった時点で数学的一般化が可能になります（④）。より一般的な特質を証拠として示そうとして、容易に識別できる要素間の関係を理解しようとするとき、数学的な予想とそれに伴う論理的思考が可能になります。

定義や公理などにのみ基づいて論理的に議論が組み立てられていれば、それは数学理論と言えます。合意した特性は定義ないし公理として機能を果たし、それを使うことによって、論理的に関連づけた一連の主張を形づくります（⑤）。

これら五つの着目（上記の①〜⑤）の異なるタイプないし焦点は、数学的な探究の特徴です。それらは一つの流れで起こるのではなく、着目はそれらの状態の間を素早く行き来します。それらの状態を自覚し、それらに対する感覚を磨くことで他の可能性も意識できるようになり、それらを単なる習慣や偶然の出来事としてではなく、意図的に取り出すことができるようになります。

まとめ

数学的思考のプロセスを人の生まれもったパワーと見ることは、学習者がそのパワーに気づき、使い、そして磨くように奨励されるのか、それとも教科書や教師によってそのパワーは奪われてしまうのか、と

いう質問に導いてくれます。

　算数・数学でそのパワーの使い方を調べることは、繰り返し現れる中心的なテーマを認識することにつながり、そして一見したところ完全に異なるテーマや問題相互のつながりを提供してくれるのです。

　数学的に考える体験を調べることは、着目がどのように、時には素早く、時にはゆっくり、変化するのかという問いに導いてくれます。本書のなかで提示された問題の目的は、あなた自身に探究の機会を提供することでした。その結果、他の人たちの体験にも敏感になれるのです。

⑾　協力者から次のコメントをもらいました。
　「私がイメージした具体例は、『魚』の目利きです。料理人が仕入れをするときに，魚のどの部分に着目するかということです。数学の問題を解くときにも，特定の部分に着目することによって考えやすくなる場合があると言えます」

訳者紹介

吉田　新一郎（よしだ・しんいちろう）

人生の大半を数学的思考抜きで生きてきたことを後悔しています。でも、この本でだいぶ挽回できました。それを読者の皆さんと共有したいと思って訳しました。学び続けたいので、「ここはおかしい」「違う」と思った点や、「これはおもしろい」「役立つ」と思った点、あるいは「こんなおもしろい数学関連の本や情報がある」などを、ぜひお知らせください。連絡先：pro.workshop◆gmail.com。
また、『算数・数学はアートだ！』と併せて読んでいただけると嬉しいです。

なお、第10～第11章はページ数の関係で、著者たちの合意の上、本書には掲載しませんでした。第１～８章で紹介している問題以外の良問がたくさん紹介されています。ニーズが多ければ、ネット上で紹介する可能性もありますので、興味のある方はメールをください。

教科書では学べない数学的思考
――「ウ～ン！」と「アハ！」から学ぶ――

2019年2月15日　初版第1刷発行	
2019年10月31日　初版第2刷発行	
2022年3月31日　初版第3刷発行	
訳　者	吉田新一郎
発行者	武市一幸
発行所	株式会社 新評論

〒169-0051　東京都新宿区西早稲田3-16-28
http://www.shinhyoron.co.jp

TEL 03（3202）7391
FAX 03（3202）5832
振替 00160-1-113487

定価はカバーに表示してあります
落丁・乱丁本はお取り替えします

装幀　山田英春
印刷　フォレスト
製本　中永製本所

©吉田新一郎 2019　　ISBN978-4-7948-1117-2
Printed in Japan

JCOPY＜（社）出版者著作権管理機構 委託出版物＞
本書の無断複写は著作権法上での例外を除き禁じられています。複写される場合は、そのつど事前に、（社）出版者著作権管理機構（電話 03-5244-5088、FAX 03-5244-5089、e-mail: info@jcopy.or.jp）の許諾を得てください。